ISO/IEC 17025:2017

(JIS Q 17025:2018)

試験所及び校正機関の能力に関する一般要求事項
要求事項の解説

ISO/IEC 17025 対応 WG　監修

藤間 一郎 ・ 大高 広明　編著

日本規格協会

編集委員会 委員名簿

編集委員長	藤間　一郎	国立研究開発法人産業技術総合研究所 ISO/IEC 17025 対応 WG 主査	
委　　員	植松　慶生	公益財団法人日本適合性認定協会 ISO/CASCO WG 44 日本代表エキスパート ISO/IEC 17025 対応 WG 委員	
	大高　広明	独立行政法人製品評価技術基盤機構 ISO/CASCO WG 44 日本代表エキスパート ISO/IEC 17025 対応 WG 委員	
	岸本　勇夫	国立研究開発法人産業技術総合研究所 ISO/IEC 17025 対応 WG 委員	
	塚田　年行	一般財団法人カケンテストセンター ISO/IEC 17025 対応 WG 委員	
	三井　清人	元　一般財団法人日本品質保証機構 元　ISO/IEC 17025 対応 WG 委員	

（委員は五十音順，所属等は執筆時）

2019 年 7 月 1 日の JIS 法改正により名称が変わりました．本書に収録している JIS についても，規格中の「日本工業規格」を「日本産業規格」に読み替えてください．

著作権について

本書に収録した JIS は，著作権により保護されています．本書の一部又は全部について，当会の許可なく複写・複製することを禁じます．
JIS の著作権に関するお問い合わせは，日本規格協会グループ (e-mail：copyright@jsa.or.jp) にて承ります．

まえがき

　国際規格 ISO/IEC 17025（試験所及び校正機関の能力に関する一般要求事項）は，ISO（国際標準化機構：International Organization for Standardization）の管理部門に属する ISO/CASCO（適合性評価委員会：Committee on conformity assessment）が作成する一連の規格の一つである．ISO/CASCO は，規格の定期的な見直しあるいは新規格の提案などに応じ，作業グループ（WG）を設置し，適合性評価に関する規格作成を行っている．ISO/IEC 17025 は WG 44 が開発した規格である．

(1) ISO/IEC 17025 改訂の経緯
　今回の改訂は，5 年ごとの定期見直しの 1 年前に，ILAC（国際試験所認定協力機構）と SABS（南アフリカ標準局）により改訂の提案が出されたことが端緒となっている．前倒し提案の主な理由は，引用規格及び用語の定義の修正並びにトレーサビリティ及び技能試験の参加に関する ILAC 文書の考慮である．ISO/IEC 17025 の改訂作業を担当する WG 44 は，2015 年 2 月に開催された第 1 回会議からスタートした．その後，WG 原案，2 回の委員会原案（CD），2016 年 12 月〜2017 年 3 月の国際規格案（DIS）投票，2017 年 8 月〜10 月の最終国際規格案（FDIS）投票を経て，2017 年 11 月 30 日に ISO/IEC 17025:2017 として改訂された．

(2) ISO/IEC 17025:2017 改訂の方向性
　2017 年改訂に当たり，ISO/CASCO の適合性評価規格のための共通の構造及び共通の要求事項が採用された．ISO/IEC 17025:2005（以下，2005 年版とも呼ぶ）においては，箇条 4 が主にマネジメントシステム要求事項，箇条 5

が主に技術的要求事項であったが，ISO/IEC 17025：2017（以下，2017年版とも呼ぶ）では，箇条4が一般，箇条5が組織構成，箇条6が資源，箇条7がプロセス，箇条8がマネジメントシステムに関する要求事項となっている．要求事項の記述の仕方は，2005年版では規範的な（具体的かつ細かい）記述であったが，2017年版ではパフォーマンスベースの記述へと見直しが行われた．これは，ISO 9001：2015（品質マネジメントシステム―要求事項）の基本理念であるプロセスアプローチに基づいたものである．また，ISO 9001：2015のリスクに基づく考え方も2017年版で導入された．

（3）用語"ラボラトリ"について

2017年版において，"Laboratory"（3.6）は，"次の一つ以上の活動を実行する機関．"と定義しており，その活動として"試験，校正，後の試験又は校正に付随するサンプリング"という三つの活動を挙げている．"Laboratory"の定義として，"後の試験又は校正に付随するサンプリングを行う機関"が追加されたことは今回の改訂における大きな変更の一つであるが，この点を明確化する意図をもって，JIS Q 17025：2018の文中において"Laboratory"の訳語として"ラボラトリ"を用いることにした．ただし，規格名称の"testing and calibration laboratories"については，従来どおり"試験所及び校正機関"のままとした．

（4）国内外のラボラトリへの影響

ラボラトリがその運営に生かす上でISO/IEC 17025の認定を取得するか否かは任意である．一方で，ラボラトリが発行する試験報告書や校正証明書の相互受入れの円滑化の観点から，ILACのMRA（相互承認取決め）に署名している認定機関からの認定を取得するラボラトリが増加している．ISO/IEC 17025の認定を維持しようとするラボラトリは，ISO/IEC 17025：2017の発行日（2017年11月30日）から3年以内に2005年版から2017年版への移行を完了することが求められる．

2017年版への移行を行うためには，2017年版の要求事項を的確に理解することが必要であり，記述の見直し（規範的→パフォーマンスベース）が本質的な要求事項の変更を伴っているのか，それとも，従来と同じ運用を継続することで2017年版の要求事項を満たし続けることになるのかを判断する必要がある．その判断の助けになることを目的の一つとして，本書の第3章において，ISO/IEC 17025：2017（JIS Q 17025：2018）の各細分箇条についての解説を行うこととした．要求事項の解釈やそれを満足する方法については，ラボラトリの業務の種類（試験・校正・サンプリング，物理・化学など）によって異なるが，多くの読者にとって有用となるよう，一般的な解説を心がけた．

(5) 本書の構成

本書は4章構成になっており，第1章では，適合性評価の国際的な枠組みとその中におけるラボラトリの能力に関する要求事項の歴史的な変遷を述べている．ISO/IEC Guide 25の初版（1978年）からISO/IEC 17025の初版（1999年）までの流れを中心とした大局的な解説となっている．第2章ではISO/IEC 17025：2017の改訂について解説している．改訂の理由，方向性，審議経過，論点が解説されている．第2章を理解することにより，2017年改訂の背景に存在する考え方の理解を深めることができ，第3章へと読み進むに当たっての共通基盤的な考え方が得られることを期待している．第3章は，個別要求事項に関し，要求事項ごとの意図，対応への留意事項及び2005年版との比較などの詳細を述べている．ラボラトリのマネジメントシステムを2017年版にいち早く適合させたい読者に対しては，ひとまず第3章を通読されることをおすすめする．また，2017年版について疑問が発生したときにも，解説書として細分箇条の解釈に役立つであろう．第4章では2017年版において関心が高いと思われる四つの事項（公平性のリスクの特定，リスクへの取組み，計量トレーサビリティ，測定不確かさ）について，ラボラトリが本規格に適合するための対応例を詳述している．第3章の解説を補足する位置付けであり，解釈・実践の事例を紹介している．

本書が，ISO/IEC 17025:2017 の一致規格として発行される JIS Q 17025:2018 の要求事項の理解を深め，2005 年版に基づいて運営してきたラボラトリが新規格に対応する手助けとなるだけでなく，新規にこの規格に基づいた運営体制を構築しようとするラボラトリにとっても手助けとなることを願っている．より多くの試験報告書・校正証明書が JIS Q 17025 に基づくラボラトリによって発行されることによって，試験報告書・校正証明書の信頼性が向上し，ラボラトリ活動の価値が高まることを期待している．

　本書の多くの部分は，ISO/IEC 17025 対応 WG 及び JIS Q 17025 原案作成委員会の議論を基にしており，ISO/IEC 17025 対応 WG に監修いただいております．ISO/IEC 17025 対応 WG のメンバーの皆様のご協力に感謝申し上げます．

2018 年 11 月

編集委員会を代表して　藤間　一郎

目　次

まえがき ……………………………………………………………………… 3

第1章　総　　論 ……………………………………… (三井) 11
1.1　適合性評価について ………………………………………………… 11
1.2　適合性評価の仕組みと一般原則 …………………………………… 12
1.3　試験所認定制度及び ISO/IEC Guide 25 …………………………… 15
1.4　国際規格 ISO/IEC 17025 の制定とその後の経緯 ………………… 17

第2章　ISO/IEC 17025　2017 年改訂の概要 ……… (大高) 21
2.1　改訂の理由 …………………………………………………………… 21
2.2　改訂の方向性について ……………………………………………… 22
2.3　WG 44 会合における審議について ………………………………… 25
2.4　WG 44 における主な論点について ………………………………… 26

第3章　ISO/IEC 17025：2017（JIS Q 17025：2018）の解説
……………………………………………… (大高，塚田，植松) 31

── JIS Q 17025：2018 ──
序　　文 …………………………………………………………………… 31
1　適用範囲 ………………………………………………………………… 33
2　引用規格 ………………………………………………………………… 35
3　用語及び定義 …………………………………………………………… 36
　3.1　公平性（impartiality）…………………………………………… 36
　3.2　苦情（complaint）………………………………………………… 36

3.3	試験所間比較（interlaboratory comparison）	37
3.4	試験所内比較（intralaboratory comparison）	37
3.5	技能試験（proficiency testing）	37
3.6	ラボラトリ（laboratory）	37
3.7	判定ルール（decision rule）	37
3.8	検証（verification）	38
3.9	妥当性確認（validation）	38
4	一般要求事項	40
4.1	公平性	40
4.2	機密保持	43
5	組織構成に関する要求事項	45
6	資源に関する要求事項	51
6.1	一般	51
6.2	要員	51
6.3	施設及び環境条件	55
6.4	設備	57
6.5	計量トレーサビリティ	68
6.6	外部から提供される製品及びサービス	71
7	プロセスに関する要求事項	75
7.1	依頼，見積仕様書及び契約のレビュー	75
7.2	方法の選定，検証及び妥当性確認	80
7.3	サンプリング	89
7.4	試験・校正品目の取扱い	93
7.5	技術的記録	96
7.6	測定不確かさの評価	98
7.7	結果の妥当性の確保	102
7.8	結果の報告	105
	7.8.1 一般	105

- 7.8.2 報告書(試験,校正又はサンプリング)に関する共通の要求事項 ···· 108
- 7.8.3 試験報告書に関する特定要求事項 ······························ 111
- 7.8.4 校正証明書に関する特定要求事項 ······························ 113
- 7.8.5 サンプリングの報告―特定要求事項 ···························· 116
- 7.8.6 適合性の表明の報告 ·· 117
- 7.8.7 意見及び解釈の報告 ·· 118
- 7.8.8 報告書の修正 ·· 120
- 7.9 苦情 ·· 122
- 7.10 不適合業務 ·· 124
- 7.11 データの管理及び情報マネジメント ································ 125
- 8 マネジメントシステムに関する要求事項 ································ 129
- 8.1 選択肢 ·· 129
  - 8.1.1 一般 ·· 129
  - 8.1.2 選択肢 A ·· 130
  - 8.1.3 選択肢 B ·· 130
- 8.2 マネジメントシステムの文書化(選択肢 A) ························ 132
- 8.3 マネジメントシステム文書の管理(選択肢 A) ······················ 134
- 8.4 記録の管理(選択肢 A) ·· 135
- 8.5 リスク及び機会への取組み(選択肢 A) ···························· 136
- 8.6 改善(選択肢 A) ·· 139
- 8.7 是正処置(選択肢 A) ·· 140
- 8.8 内部監査(選択肢 A) ·· 142
- 8.9 マネジメントレビュー(選択肢 A) ································ 145
- 附属書 A(参考)計量トレーサビリティ ·································· 148
  - A.1 一般 ·· 148
  - A.2 計量トレーサビリティの確立 ···································· 148
  - A.3 計量トレーサビリティの実証 ···································· 149
- 附属書 B(参考)マネジメントシステムに関する選択肢 ···················· 153

第4章　試験所・校正機関における ISO/IEC 17025：2017 への対応について……………………………………（大高，岸本）157

4.1　公平性のリスクの特定について（本規格 4.1.4）…………………… 157
4.2　リスクへの取組みについて（本規格 8.5）…………………………… 159
4.3　計量トレーサビリティの確立について（本規格 6.5）……………… 160
4.4　測定不確かさの評価について（本規格 7.6）………………………… 161

索　　引　　　165

第1章

総　論

1.1 適合性評価について

"適合性評価（conformity assessment）"という用語は1980年代から国際社会の専門分野で広く使用されるようになったが，一般社会ではあまり普及していない．本書の主題である国際規格 ISO/IEC 17025（以下，本規格とも呼ぶ）はこの活動に特化した規格であるため，初めにこの分野の概要を紹介しておきたい．

現在の定義によれば，"適合性評価"とは，"製品（サービスを含む），プロセス，システム，要員又は機関に関する規定要求事項が満たされていることの実証"である．この中には，従来の用語で試験，検査，認証などと呼ばれる活動が含まれており，これらは従来から各国の市場の秩序と安全性を支えてきたものである．しかし，1970年代に貿易が世界的に進展する中で，これらの活動から貿易障害が発生する実態が明らかになった．これを低減させることが世界経済を発展させる上での重要課題と認識され，GATT（関税及び貿易に関する一般協定）の多角的協議の場"東京ラウンド"において解決策が議論された．その結論をまとめた"スタンダード・コード"と呼ばれる文書が1980年に発行され，加盟各国に対して，輸入における試験・認証などの手続きを貿易障害とならないように運用する方策を実施することが推奨された．同時に，ISOなどの国際標準化機関に対して，適合性評価活動を合理化する方策の検討を進めることが推奨された．

1985年，ISO は総会直属の専門委員会である ISO/CASCO（適合性評価委員会）を設置し，適合性評価に関する方針を策定するとともに，関連する国際規格やガイド（Guide）などの文書の作成を進める活動を開始した．この委

会はIEC（国際電気標準会議：International Electrotechnical Commission）と共同で運用され，発行した文書にはISO/IECの冠詞が付けられて共同で維持管理される．その後，ISO/CASCOは各国の専門家を集めたWG(作業グループ)を設けて活発な活動を展開し，各種の適合性評価の実施に関する一連の国際規格・ガイド約30編（ISO/IEC 17000シリーズ）を作成した．現在これらの文書は"適合性評価の道具箱（CASCO Toolbox）"と呼ばれて世界の市場で広く利用されており，本規格はその一つである．

1995年，GATTが改組されてWTO（世界貿易機関）が発足し，貿易の技術的障害に関する協定（TBT協定）が実施に移された．この協定は，市場の規制に使われる各国の規格や法令の内容を可能な限り該当する国際規格の原則に基づくものとすること，適合性評価の実施について該当する国際規格に基づく方法を採用すること，及び他国で行われた適合性評価の結果を可能な限り自国の制度で利用することを求めている．現在，WTOには160を超える国・地域が加盟しており，グローバル市場の自由化への動きを支えている．

このような状況のもとで，1990年台には多くの国々において国際化に備えた適合性評価の仕組みが構築された．それらは"適合性評価の道具箱"と呼ばれる国際規格に基づくものである．次に，その仕組みの概要と働きを説明する．

1.2 適合性評価の仕組みと一般原則

適合性評価活動の全体像を理解するために，ISO/IEC 17000（JIS Q 17000）"適合性評価—用語及び一般原則"に規定された主な用語と一般原則を紹介する．

"適合性評価の道具箱"が適用される市場の活動は，図1.1に示すような2層構造をもっている．すなわち，市場活動に直接関与する適合性評価のレベルの活動と，それらを実施する機関の能力に関する審査・認定のレベルの活動である．上位のレベルの活動は，市場における適合性評価の結果の国際的利用に関して重要な働きをするものである．

適合性評価の結果は，実施者の立場の違いによって3種類に分類される．す

1.2 適合性評価の仕組みと一般原則

なわち，①適合性評価の対象の提供者（第一者）が行う場合，②対象の使用者（第二者）が行う場合，③その対象について第一者及び第二者の利害から独立した第三者が行う場合である．①である第一者活動による適合証明は"宣言（declaration）"と呼ばれ，③である第三者活動による適合証明は"認証（certification）"と呼ばれる．各国市場の秩序と安全性を支える公的機関による規制は，このような適合性評価活動の組合せによって支えられ，認定の相互承認を通じて国際的な協調が行われている．

適合性評価の対象とされるのは市場に置かれる全ての産品・サービスの取引であり，種類ごとにそのリスクに応じた適合性評価の基準と実施方法が決められている．一般にリスクが比較的小さい産品については，供給者宣言による適合証明によって市場にアクセスする道が開かれる．この場合，供給者に義務付けられるのが，次の国際規格

- ISO/IEC 17050（JIS Q 17050） 適合性評価—供給者適合宣言

に従うことであり，供給者は適切な適合性評価を実施して宣言書を用意し，関連する技術的記録を保管しなければならない．

この分類に入るもの以外については，図1.1の中段に示された第三者機関，すなわち試験所（ここでは校正機関を含む広い意味），検査機関，及び各種の

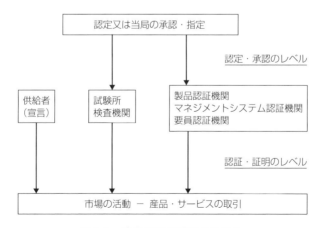

図 1.1 適合性評価活動の仕組み

認証機関などが実施する特定の適合性評価が適用される．これらの機関は，次の国際規格に規定された能力を備えていることを実証しなければならない．

- ISO/IEC 17025（JIS Q 17025）　試験所及び校正機関の能力に関する一般要求事項
- ISO/IEC 17020（JIS Q 17020）　適合性評価―検査を実施する各種機関の運営に関する要求事項
- ISO/IEC 17065（JIS Q 17065）　適合性評価―製品，プロセス及びサービスの認証を行う機関に対する要求事項
- ISO/IEC 17021（JIS Q 17021）　適合性評価―マネジメントシステムの審査及び認証を行う機関に対する要求事項
- ISO/IEC 17024（JIS Q 17024）　適合性評価―要員の認証を実施する機関に対する一般要求事項

これらの規格に基づいて適合性評価機関の能力を実証する行為は"認定（accreditation）"と呼ばれ，その権限を備えた"認定機関"と呼ばれる第三者機関が実施する．認定機関の能力については，国際規格

- ISO/IEC 17011（JIS Q 17011）　適合性評価―適合性評価機関の認定を行う機関に対する要求事項

が適用される．

　認定機関の能力の実証は，認定機関相互の同等性評価によって行われ，これに基づき認定機関の間に国際相互承認取決めが結ばれて，認証の結果が国際的に利用できるようになる．同等性評価のための要求事項は国際規格

- ISO/IEC 17040（JIS Q 17040　適合性評価―適合性評価機関及び認定機関の同等性評価に対する一般要求事項）

に規定されている．なお，分野によっては，認証機関についても同等性評価によって能力の実証を行う場合がある．

　適合性評価の基準に用いられるのは，関係者のコンセンサスに基づいて制定された規格及び法令に規定された要求事項であり，これらは対象とする製品・システム等の品質，性能などに対する社会のニーズ又は期待を明示したもので

ある.各種の対象に関する適合性の証明は,それぞれがその目的に即した有効性をもつことを保証するものであり,そのために適合性評価に関する国際規格が用いられる.試験活動についていえば,試験所・校正機関が提出する証明書の有効性が,ISO/IEC 17025 の規定要求事項をその試験所が満たしていることの実証によって保証される.

1.3 試験所認定制度及び ISO/IEC Guide 25

各国の市場では,"試験(testing)"と呼ばれる様々な活動が行われており,そこには規格や仕様に基づく適合性評価のほか,サンプルの分析,構造物の検査,計量計測機器の校正,また,製品認証の一部としての型式試験などが含まれる.実施する試験所が法令や慣習に基づいて決まっている場合もあるが,多くは"試験所(laboratory)"と呼ばれる専門機関が依頼者との契約に基づいて提供するサービスによって実施されている.試験の依頼者は試験結果の有効性に重大な関心をもっているが,試験所の技術的能力を自ら評価する手段をもたないのが通例である.したがって,一般の依頼者に代わって第三者機関が試験所の能力を客観的に評価し公表する活動が行われており,その仕組みは"試験所認定制度(laboratory accreditation system)"と呼ばれる.この活動の目的は,技術的能力を備えた試験所に信用を付与し,市場に流通する試験結果の品質を維持することである.

このような制度に対する社会的ニーズの高まりを受けて,1977 年にデンマークにおいて試験所認定に関する国際会議である ILAC(国際試験所認定会議:International Laboratory Accreditation Conference)の第 1 回会合が開催された.この会議を提唱したのは米国商務省であり,当時急速に増加していた食品の輸出入に関する試験・認証の合理化を目指すものであった.ILAC には世界各地から予想を超える多数の関係者が参加したが,その背景には,当時 GATT の多角的協議の場で議論されていた貿易障害問題があった.ILAC 参加者たちの関心は試験・認証結果の国際相互承認に関するルール作りにあり,討

議の重点の一つは，他国の試験結果を自国のものと同等と認めるための条件を明らかにすることであった．

　製品・サービスの広域流通が顕著となった当時，試験・認証結果の国際的相互利用が通商関係者たちの間で強く望まれていたが，試験関係者の多くは技術的理由からこれに否定的であった．その実現には，試験所に対する能力の基準及び認定のプロセスを国家間で互いに調和させる必要があり，このための国際文書の作成が先決問題であることが指摘され，その作業をISOに要請することが決議された．

　ISOは，当時IECと共同で運営していた方針開発委員会の一つであるCERTICO（認証制度委員会）に作業グループを設置し，ILAC関係者をメンバーに招いて原案作成作業を開始した．その翌年の1978年には，全ての種類の試験所を対象とした国際文書ISO/IEC Guide 25の初版が発行された．この文書は，試験所の能力を維持するための管理上及び技術上の基本的事項をまとめたものであるが，様々な種類の試験所に適用するために一般的で柔軟な表現で規定されていた．一方，当時準備が進められていた欧州統一市場における試験所認定制度の目的には，要求事項を明確かつ詳細に規定した文書が必要であったことから，ISO/IEC Guide 25にはその後実際的な規準文書とするための改訂が重ねられた．

　このように，欧米においては試験所認定制度の導入への動きがこの頃から始まったといえるが，世界的にみれば南半球では既に試験所認定制度が社会的に利用されていた．これらの実績はILACの議論においても重要な参考事例として紹介され，将来に向けた議論の参考とされた．その主な事例を次に示す．

　オーストラリアでは，早くも1947年に現在の形に近い大規模な試験所認定制度が動き始めた．これは民間試験所の互助組織として設立された協会NATA（National Association of Testing Laboratories）の活動によるものであり，試験所の能力評価は，メンバー試験所の専門家を交換して行う同等性評価によっている．

　1972年，NATAと類似の制度が隣国のニュージーランドに法律に基づいて

設立された．TELARC（Testing Laboratory Registration Council）と呼ばれるこの制度は"試験所登録法"に基づくもので国家的に認知されており，国家を代表して他国の機関と交渉することもできた．

　ILAC の会議はその後も開催場所を変えながら毎年開かれ，試験所認定制度の世界的利用に向けた議論が重ねられたが，その中心課題の一つが計量標準のトレーサビリティの確保であり，この会議に参加していた BIPM（国際度量衡局）の活動と役割が見直された．ILAC の議論の結果を反映して，各国の国家計量標準機関は，その位置付けを明確にするため 1999 年にメートル条約のもとで新たな国際相互承認取決めに署名した．

　その頃，ILAC のメンバーの所属する国々では試験所認定制度の整備が進みつつあり，それらの間で相互承認を実現することが ILAC の仕事と考えられた．そこで 1990 年代後半に，認定機関の代表たちから ILAC をこのための組織とすることが提案された．名称は "International Laboratory Accreditation Cooperation（国際試験所認定協力機構）" であったが，略称は従来と同じ ILAC とされた．この機構の役割は，各国の試験所認定システムの相互承認取決め（MRA）を運営管理することによって，試験所認定制度を国際的に運用することである．

1.4　国際規格 ISO/IEC 17025 の制定とその後の経緯

　試験所の能力に関する ISO/IEC Guide 25 のその後の進展における重要な要素は，1987 年に発行された品質保証の国際規格 "ISO 9000 シリーズ" と整合させるための改訂であった．もともと ISO/IEC Guide 25 には "品質システム" と呼ばれる管理システムの基準が含まれていたが，その内容を拡充した品質保証全般の国際規格 ISO 9000 シリーズが発行されて，この規格に基づく品質マネジメントシステムの認証が世界的に急速な普及を遂げていた．

　1994 年，この ISO 9000 が全面的に改訂されたことから，ISO/IEC Guide 25 をこれと整合させることが緊急の課題となった．一方で実働期を迎えていた試

験所認定制度において，その規準として使用できる国際文書が求められていたという背景もあった．そこで，この時期にISO/IEC Guide 25を抜本的に改訂するというISO/CASCOの方針が決められたが，この決定は，結果としてISO/CASCO全体の文書作成の方針を大きく変える重要なものとなった．次に，その事情を少し詳しく説明する．

ISO/CASCOの本来の使命は，適合性評価に関するISOの方針を開発し活動を展開することであり，その一環として適合性評価機関のための指針文書であるGuideを発行してきた．これは適合性評価機関に対する推奨事項を示すものであり，国際規格の場合のように要求事項を規定するものではない．しかし，ISO/IEC Guide 25の改訂の経緯に見られるように，試験所の技術能力を確保するためには，その規準文書は要求事項を含むものでなければならない．この事情は，試験所以外の分野についても同様であり，認定活動に関係する種々の分野において規定要求事項が満たされていることを実証するための規準文書が必要とされていた．

これはISO/CASCOの使命の根源に関わる問題であり，ISO理事会において慎重な議論が行われた．発行する文書の性格をめぐる議論に結論が出たのは1997年のISO理事会であった．その決議によってISO/CASCOは二つの任務をもつ組織に生まれ変わり，従来の適合性評価の方針開発の任務に加えて，適合性評価に関連する国際規格を発行することが新たな任務となった．この国際規格にはISO/IECの冠詞が付けられ，ISO/CASCOが原案作成及び維持管理を行うことになっている．

ISO/IEC Guide 25に代えて国際規格ISO/IEC 17025を発行しようとする計画は，まさにISO/CASCOの新しい任務の最初のものとして計画され，慎重な準備のもとで実行に移された．このための作業グループとしてWG 10が設置され，議長としてオランダのPeter van de Leemput氏が指名された．また，専門分野の配分と所属団体の公平性を配慮して約30名の委員が登録され，1995年から1999年までの5年がかりで作業が実施されたが，この作業は欧州標準化団体であるCEN及びCENELECとの密接な連携のもとで行うこと

1.4 国際規格 ISO/IEC 17025 の制定とその後の経緯

が確認され，国際規格と欧州規格を同時に制定するという前例のない試みとなった．

WGの会合においては，意見の対立する論点についての討論に十分な時間を割き，国際的に共有できる文書とすることが最大の目標とされた．委員会原案（CD）の段階から各国のメンバー団体からのコメント収集が行われ，毎回のように多様で多数のコメントが寄せられた．これらに対応して統一的な要求事項を設定する上での重要な論点として，"試験方法の妥当性確認"，"測定不確かさの推定"，"測定のトレーサビリティの確保"などが集中的に議論された．

国際規格案（DIS）の最終段階に至った1999年においても，各国から多数のコメントが寄せられる状況は変わらなかったが，これらの意見の大部分は，試験所認定における規格の適用方法の詳細に関するものであった．WG議長は，この規格が試験所での利用を意図した文書であることを再認識し，認定活動の細部には深入りしない方針をとることとして規格案作成の議論を終結した．規格の"適用範囲"に明記されているように，この規格は，試験所の利用者又はその代表者である認定機関や当局が審査の基準として用いることができる．その場合には，適用方法の詳細を公平に決める必要があり，そのための指針が規格の附属書に示されている．

発行後，ISO/IEC 17025 は順調に普及の歩みを進め，各国の規格や地域の規格にも導入され，また，試験所認定制度においても各分野で広く利用されるようになった．本規格は世界各国で効果的に使われていたと思われ，使用者からの積極的な改訂提案がISO/CASCOに提出されることはなく，本規格の初版（1999年版）が長く継続使用されることとなった．2017年までの間に行われた改訂は，ISO 9000:2000 と整合させるため用語と表現に限定して行われた2005年の改訂だけであり，技術的要求事項の内容については1999年の初版のものが18年間にわたって継続使用された．

第2章

ISO/IEC 17025　2017年改訂の概要

2.1　改訂の理由

　第1章で述べたように，ISO/IEC 17025の本質的な（特に技術的事項の）改訂は，1999年版以降実施されていなかった．その間，ラボラトリを取り巻く状況（技術の変化及び発展，試験・校正対象の拡大，試験・校正に対する市場のニーズ等）は大きく変化し，それらに対応するための本規格の改訂が必要と考えられていた．

　今回の改訂は，2015年の定期見直しに先立って，ILAC（ISOのAリエゾン）及びSABS（ISOメンバー）が合同でISO/CASCOに提出した新規業務項目提案（NWIP：New Work Item Proposal）が端緒となっている．NWIPにおいてILAC側からは，2005年版の技術的要求事項のうち，試験・校正の方法及び方法の妥当性確認（5.4），測定のトレーサビリティ（5.6），サンプリング（5.7），試験・校正結果の品質の保証（5.9），結果の報告（5.10）の改訂が（ILAC認定委員会におけるコンセンサスとして）必要であると述べられており，ほかに，

- いくつかの引用規格が現存していない，もしくは最新版でない．
- 用語の定義が古く，混乱を生じている．
- 規範的要求が多く，パフォーマンスベース，プロセスベースである他の関連国際規格と調和していない．
- 下請負業務の取扱いについて明確にすべき．
- コンピュータシステム，電子的記録の管理及び電子報告書発行に関する要求を取り込むべき．

などについて，改訂時に考慮すべきであると述べられていた．

一方で SABS からは,
- いくつかの"注記（NOTE）"を要求事項に格上げすべき（契約の書面による合意，内部監査・マネジメントレビューの年度ごとの実施等）．
- 測定のトレーサビリティ，技能試験への参加に関する，ILAC・規制当局が発行する文書を考慮すべき．
- ISO が発行している PAS（公開仕様書）との整合を考慮すべき．

といった内容が述べられた．

この NWIP について，ISO/CASCO 及び IEC の P メンバー（積極的参加国）による投票（2014 年 6 月～9 月）が行われ，賛成多数（ISO/CASCO，IEC 共 88%）により承認された．これにより 2014 年 11 月，ISO/CASCO 傘下に本規格改訂の作業グループ（WG 44）が設置された．WG 44 は，3 名の共同主査（ILAC，SABS，IEC よりノミネート）及び 60 名強のエキスパートメンバー・リエゾンメンバーから構成された．なお日本からは，日本工業標準調査会（JISC）から 2 名がエキスパートメンバーとして派遣された．

2.2 改訂の方向性について

改訂の大きな方向性として，ISO/CASCO の適合性評価規格（ISO/IEC 17000 シリーズ）における共通の構造（common structure）及び共通の要求事項（common requirements）の採用が挙げられる．これは適合性評価規格間の整合を目的として ISO/CASCO が定めているもので，原則としてこの共通構造及び共通要求事項を必ず採用しなければならないこととされている．

本規格については，今回の改訂で以下の構造を適用した．
- 一般要求事項（general requirements，箇条 4）[*1]
- 組織構成に関する要求事項（structural requirements，箇条 5）

---

*1 "箇条"とは，1 のように番号一つで表す項目をいう．また，1.1 や 1.1.1 のように，箇条を更に区分して番号を付けた項目を"細分箇条"という［参考 JIS Z 8301:2008（規格票の様式及び作成方法）］．

- 資源に関する要求事項（resource requirements, 箇条6）
- プロセスに関する要求事項（process requirements, 箇条7）
- マネジメントシステムに関する要求事項（management system requirements, 箇条8）

共通要求事項として導入すべき文面は，かつてISO PAS 17000シリーズ（公平性：17001，機密保持：17002，苦情：17003，マネジメントシステム：17005）に規定されていた．ISO PAS 17000シリーズは，適合性評価規格に共通的に入れ込む要求事項文面を規定する目的で発行された文書であるが，現在は廃版となっている．この要求事項文面はISO/CASCO内部文書（QS-CAS-PROC 33：Common Elements in ISO/CASCO Standards）に盛り込まれており，本規格はこの内部文書の記述文面をほぼそのまま適用している．

そのほかに，2017年版ではISO 9001（JIS Q 9001）に従ってマネジメントシステムを構築しているラボラトリはそのマネジメントシステムを利用することができる（8.1.3）ことから，マネジメントシステム要求事項についてはISO 9001:2015との整合を重視した．また前出のISO/CASCOルールを採用した先行規格（特にISO/IEC 17020:2012）を随所で参考にした．

個別要求事項の改訂については，NWIPに記載した事項を意識して進められたが，特に試験・校正業務内容の多様化，試験・校正に対する市場・利害関係者・規制当局等の要求の変化，電子情報技術を用いた運営・管理の普及，といった状況を念頭に置いて作業を行った．具体的な方向性としては，次のような内容が挙げられる．

- ISO 9001:2015の基本理念である"プロセスアプローチ"に基づき，2005年版で盛り込まれていた多数の"規範的（prescriptive）要求事項"（具体的かつ細かい要求事項）について見直しを行い，多くの項目について"手順をもち適用すること"だけを要求事項としている．これにより，各ラボラトリが進めやすいような手順を自身の責によって設定し，それに従い運営できることになる．2005年版の方向性（個々のマネジメントシステム手順を最適化させることで最終的な試験・校正結果の適

切性を確実にさせる）から"パフォーマンスベース"（最適なパフォーマンスを得るために必要な程度に個々のマネジメントシステム手順を構築する）への転換の表れである．

- ISO 9001：2015 の"リスクに基づく考え方（risk-based thinking）"を，本規格でも導入している（8.5）．常にリスクを考慮要因にいれ，マネジメントシステムを構築し，いわゆる"PDCA（Plan-Do-Check-Act）サイクル"を個別のプロセス及びマネジメントシステム全体に的確に適用することが，プロセスアプローチにおける重要なポイントである．ラボラトリが自身のマネジメントシステムを新たに設計する場合もしくは何らかの変更を施す場合には，必ず何らかのリスクが伴う．潜在的リスクを的確に捉え対処することで，自身にとって適切な手順を構築できるであろう．ラボラトリのマネジメントシステムについての自由度，柔軟性が高められたことで，ラボラトリにはリスクに基づく適切な判断が求められることになる．
- 2005 年版にあった多数の注記（NOTE）についても個々に見直しを行い，必要なものについては要求事項へ格上げし，不要なものを削除している．特に注記の多かったトレーサビリティ要求事項については，注記とはいえ重要な内容が多かったことから，必要な内容を附属書 A としてまとめている．
- 技術的要求事項（計量トレーサビリティ，技能試験）について，ILAC 方針文書の記述内容を適宜参考にしている．

一方で，特に技術的な個別要求事項については，2005 年版の要求事項のうち有益なものは可能な限り残すよう配慮した．その結果，項目立ては大きく変更されているものの，技術的な要求事項は本質的には大きく変更されていないといえる．

2.3　WG 44 会合における審議について

表 2.1 に，WG 44 の会合及び改訂作業の経緯を示す．

表 2.1　ISO/IEC 17025 改訂作業の経緯

時　期	会合, 投票, 発行	内　容
2015 年 2 月 10 日～12 日	第 1 回 WG 会合 （ジュネーブ）	改訂案（WG 案）作成作業 （2005 年版の全要求事項を新共通構造へ振分け）
2015 年 6 月 2 日～4 日	第 2 回 WG 会合 （ジュネーブ）	改訂案（WG 案）作成作業 （各要求事項の改訂案作成）
2015 年 8 月 18 日～20 日	第 3 回 WG 会合 （ジュネーブ）	委員会原案（CD：Committee Draft）作成作業
2015 年 9 月～11 月	CD コメント・投票	ISO/CASCO P メンバー賛成票 87% （76 か国中，賛成 66 か国）
2016 年 2 月 16 日～19 日	第 4 回 WG 会合 （プレトリア）	委員会原案第 2 案（CD 2）作成作業
2016 年 3 月～5 月	CD 2 コメント・投票	ISO/CASCO P メンバー賛成票 96% （84 か国中，賛成 81 か国）
2016 年 9 月 20 日～23 日	第 5 回 WG 会合 （ジュネーブ）	国際規格案（DIS：Draft International Standard）作成作業
2016 年 12 月～ 2017 年 3 月	DIS コメント・投票※	ISO/CASCO P メンバー賛成票 91% （88 か国中，賛成 80 か国） IEC P メンバー賛成票 85% （33 か国中，賛成 28 か国）
2017 年 7 月 10 日～12 日	第 6 回 WG 会合 （ジュネーブ）	最終国際規格案（FDIS：Final Draft International Standard）作成作業
2017 年 8 月～10 月	FDIS コメント・投票	ISO/CASCO P メンバー賛成票 99 % （91 か国中，賛成 90 か国） IEC P メンバー賛成票 100 % （全 34 か国賛成）
2017 年 11 月 30 日	ISO/IEC 17025：2017 発行	
2018 年 7 月 20 日	JIS Q 17025：2018 発行	

※ DIS 投票は，改訂作業に参画する諸国（P メンバー）の 3 分の 2 以上の賛成と，棄権を除く投票総数の 4 分の 1 以上の反対がない，という二つの基準をクリアすれば可決される．

WG 44 の会合は，2015 年 2 月～2017 年 7 月の間に計 6 回開催された．第 3 回会合では委員会原案（CD）が作成された．この CD は ISO/CASCO の P メンバー投票に諮られ，（DIS への移行に対する）87％の賛成票が得られたが，合わせてコメントが 2,606 件提出された．この中には技術的に重大な内容も多く含まれており，WG 44 での議論の結果，このまま DIS 段階に移行することは望ましくなく，再度 CD 段階での投票を実施することに決定した．CD 2 投票でも 1,880 件，DIS 投票でも 1,785 件ものコメントが提出されたが，WG メンバーのボランティアにより結成された原案作成グループ（DG：Drafting Group）が会合開催の事前に全コメントについて取捨検討しそれらを反映させ作成した DG 案について，WG 44 で審議するという形で行った．

WG 44 では，第 4 回会合（CD 2 作成）まではメンバーを三つのタスクグループ（資源要求事項グループ，プロセス要求事項グループ，その他要求事項グループ）に分け改訂作業を分担して実施し，第 5 回（DIS 作成）及び第 6 回会合（FDIS 作成）では全メンバーが一緒に審議を行った．具体的には，個々の改訂提案に対し数名のメンバーから賛成意見，反対意見が挙げられ，最終的に多数決投票により採用の可否を決定していく，という作業を主に行った．

2.4　WG 44 における主な論点について

（1）サンプリングの扱いについて

サンプリングを試験・校正から"独立した活動"として位置付けるかどうかが WG 44 での大きな論点であった．2005 年版では，サンプリングは試験・校正に含まれる一工程として扱われていたが，例えば環境試料を採取するようなサンプリング工程を試験・校正とは独立した活動と位置付けて本規格を適用させることにより，サンプリング専門実施機関の本規格による認定サービスが可能になることになる．サンプリングを"独立した活動"として適用対象に位置付けることには，特に欧州メンバーからの強い要望があった（欧州では規制当局がサンプリング単体の認定を要求しているとのこと）．

2.4 WG 44 における主な論点について　　　27

一方で，サンプリング単独工程の技術能力の実証が難しく（技能試験や試験所間比較を実施することが難しい），能力に関する本規格を適用することには無理があること，またラボラトリに対する要求規格なのであるから単純にサンプリング専門機関を対象にするというのでは本規格の意図に合致しない．すなわち試験・校正以外のための（例えば製品認証や技能試験のための）サンプリングにも適用され得ることから反対意見も多く，なかなか両者で合意が得られなかった．

この件は ISO/CASCO における WG だけでなく ILAC でも議論されたものの全く結論が得られず，CD 投票（2015 年 9 月実施）において"改訂 ISO/IEC 17025 を，試験・校正を伴わないサンプリングを実施する機関に適用すべきか？"についての P メンバー投票を行ったが，ここでも結論を得ることがなかった（賛成 41，反対 39）．WG 44 でのさらなる議論の結果，サンプリング専門機関の本規格による認定に対する需要が（特に欧州で）大きいことを考慮し，サンプリングを"独立した活動"として，本規格の適用対象として位置付けることとした．しかし，適用範囲（箇条 1）に明確にそれを記述するのではなく（賛成する WG メンバーはこれを望んでいた），あくまでも試験・校正のためのサンプリング活動だけに本規格を適用させるために，本規格で用いられるラボラトリ（laboratory）が行うサンプリング活動を試験・校正のためのものに限定する目的で，"ラボラトリ"の定義を新規に制定することとされた（第 3 章 3.6 を参照）．

(2) ISO 9001:2015 との関係について

ISO 9001 との関係については 2005 年版にも記載があったが，"この規格に適合するラボラトリは'一般に（generally の訳）'ISO 9001 の原則にも従った運営をすることになる"と変更されている．この変更は，ISO 9001 の制定にかかる ISO 専門委員会（TC 176）による方針に従ったものであるが，この"一般に"を加えることについて深く議論された．市場では ISO 9001 に対するニーズが高く，ラボラトリに対しても ISO 9001 への適合が求められるケー

スが多い."一般に"を付け加えることで,その市場ニーズに十分応えられなくなる可能性があるのではないかとの反対意見や懸念が挙げられたが,TC 176との調和が重要であり,それが顧客の満足につながるのだ,といった意見も挙げられた.加えて,ISO 9000シリーズの基礎である品質マネジメントシステム7原則(ISO 9000:2015 2.3参照)への本規格の対応状況について検討した結果,いくつかの原則について十分に対応ができておらず,2005年版で提唱されていた"ISO 9001の原則にも従った運営をすることになる"とは言い難いとの結論に達し,"一般に"を付け加えることに決定した.

"一般に"という文言が追加されたことにより,2005年版に比べISO 9001との距離が若干離れてしまったようにも思えるが,WG 44としてはこの文言を追加したとしても,ラボラトリに対する市場のニーズ(例えば政府入札への参加条件としてのISO 9001適合など)は十分満足できるであろうとの判断をしている.

(3) 方針(policy),プロセス(process),手順(procedure)及び方法(method)の使い分けについて

2005年版では"方針及び手順をもつこと"という表現が多く含まれていたが,"方針"と"手順"の使い分けが明確でなかったこと,また"プロセス"という用語が手順と同様の意味で用いられている[例えば,サンプリングプロセス(2005年版5.7.1)]ことが混乱を生じているということで,これら用語の適切な使い分けについて議論された.

WG 44では,まず"プロセス"は新たな定義付けが必要となることから使用しないこととした[苦情(7.9)ではISO/CASCO強制要求事項として"プロセス"が用いられている]."方針"と"手順"の使い分けについては各タスクグループで議論されたが,資源要求事項グループ及びプロセス要求事項グループでは"方針"は"手順"に含まれる概念であると考え,"方針"を削除し"手順をもつこと"に統一した.なお,"手順をもつこと"は文書化を要求しているわけではなく,どの手順をどの程度まで文書化すべきなのかはラボラ

トリごとに検討することになる［5.5 c）参照］．一方，マネジメントシステム要求事項グループでは，ISO 9001：2015 にならい"手順をもつこと"という表現を全て削除している．これはあくまでも ISO 9001：2015 の表現に整合させた結果であり，マネジメントシステム要求事項については手順をもたなくてもよい，というわけではない．"手順をもち適用すること"は本規格全体の共通要求事項である．

　加えて，"手順"と"方法"の使い分けについても議論された．市場では"試験方法（test method）"及び"校正手順（calibration procedure）"がもっぱら用いられており，本規格でもこのように使い分けるべきだという強い意見も出されたが，ISO/IEC Guide 99：2007［国際計量計測用語―基本及び一般概念並びに関連用語（VIM）］の定義によれば"測定方法"と"測定手順"を同義と考えることができること，またその使い分けは各ラボラトリの文書の中で自由に区別されている実情を考慮し，本規格においては明確な使い分けはしないこととした．本規格では，それらが同義と考えられる旨の記述を 7.2.1.1 の注記に置いた上で，両者の書き分けが必要な箇所を除き"方法"を用いている．

第3章

ISO/IEC 17025:2017（JIS Q 17025:2018）の解説

　第3章では，ISO/IEC 17025:2017の対応規格であるJIS Q 17025:2018の序文から附属書までを囲み枠で示した後，各細分箇条について解説を行う．

　解説は，原則として次のとおり行う．
　【JIS Q 17025:2005 からの主な変更点】
　　JIS Q 17025:2005 から JIS Q 17025:2018 への変更点として特筆すべきことがある場合には，必要に応じてこの項目を設置し解説する．
　【解　説】
　　各細分箇条における要求事項の意図，要求事項への対応に際しての留意事項などを解説する．

　表記上の注意点は，次のとおりである．
- 解説に当たり JIS Q 17025:2018 を引用するため，規格番号は JIS で表記する．その他の ISO 規格についても，対応 JIS がある場合には原則として JIS で表記する．文脈上適当でない場合にはこの限りでない．
- 本文中において，"2018年版" は JIS Q 17025:2018 を，"2005年版" は JIS Q 17025:2005 を指す．

序　文

――― JIS Q 17025:2018 ―

序文

　この規格は，2017年に第3版として発行された **ISO/IEC 17025** を基に，技術的内容及び構成を変更することなく作成した日本工業規格である．

　この規格は，ラボラトリの運営の信頼性を高めるという目的をもって作成された．

　この規格は，ラボラトリが適格な運営を行い，かつ，妥当な結果を出す能力があることを実証できるようにするための要求事項を含んでいる．

> この規格に適合するラボラトリは，一般に **JIS Q 9001** の原則にも従った運営をすることになる．
>
> 　この規格は，リスク及び機会に取り組むための処置を計画し，実施することをラボラトリに要求している．リスク及び機会の双方に取り組むことによって，マネジメントシステムの有効性の向上，改善された結果の達成及び好ましくない影響の防止のための基礎が確立される．ラボラトリは，どのリスク及び機会に取り組む必要があるかを決定する責任をもつ．
>
> 　この規格の使用は，ラボラトリとその他の機関との間の協力を容易にし，情報及び経験の交換並びに規格及び手順の整合化を支援するであろう．ラボラトリがこの規格に適合している場合には，国家間での結果の受入れが容易になる．

【JIS Q 17025：2005 からの主な変更点】

○JIS Q 9001 との関係を説明する文章（ラボラトリ又はそれが属する組織のJIS Q 9001 への整合の必要性，JIS Q 9001 への適合が技術的能力の妥当性を保証するものではない，など）が大きく削除され，記述内容が簡略化された．JIS Q 9001 との関係については，主に附属書Bに記述が移されている．

○リスク及び機会への取組みの重要性を説明する文章が追加されている．

【解　説】

　序文では，本規格の目的（ラボラトリが自身のマネジメントシステムを適切に運営する能力及び試験・校正・サンプリングを適正に実施するための技術的能力を実証するために用いる），本規格とJIS Q 9001：2015との関係，リスク及び機会への取組みの必要性について記述している．

　"リスク及び機会への取組み"については，ISO/IEC 17025の改訂作業当初は本規格の適用対象であるラボラトリの負担が大きいという理由で，序文で提唱（意識付け）するだけにとどめる方向性であったが，やはりISO 9001：2015との整合性を重視すべきこと，また改訂の主目的である"リスクに基づ

く考え方"への転換を考慮した結果，要求事項としても本規格の 8.5 に導入されている．

本書では詳しく触れないが，ISO/IEC 17025:2017（原文）における Foreword（まえがき）では"リスクに基づく考え方"の導入に関して，次の記述がなされていることを紹介しておく．

"本規格の旧版（第 2 版）からの主な変更点として，以下が挙げられる．
— 本版で"リスクに基づく考え方"が適用されたことにより，いくつかの規範的（prescriptive）要求事項が削減され，パフォーマンスベースの要求事項に置き換わっている．
— プロセス，手順，文書化された情報，及び組織の責任に関する要求事項において，旧版よりも柔軟性が高まっている．"

なお，旧版すなわち 2005 年版にあった，本規格による認定の取得が試験・校正結果の国際相互受入れに有利になる旨の記述は，ISO 規格の中立的なポリシーに反するとの理由で削除されている．

1　適　用　範　囲

―― JIS Q 17025:2018 ――

1　適用範囲

この規格は，ラボラトリの能力，公平性及び一貫した運営に関する一般要求事項を規定する．

この規格は，要員の数に関係なく，ラボラトリ活動を行う全ての組織に適用できる．

ラボラトリの顧客，規制当局，相互評価を使用する組織及びスキーム並びに認定機関及びその他の組織が，ラボラトリの能力を確認又は承認するに当たってこの規格を使用する．

　　注記　この規格の対応国際規格及びその対応の程度を表す記号を，次に示す．

> **ISO/IEC 17025**:2017, General requirements for the competence of testing and calibration laboratories（IDT）
>
> なお，対応の程度を表す記号"IDT"は，**ISO/IEC Guide 21-1** に基づき，"一致している"ことを示す．

【JIS Q 17025:2005 からの主な変更点】
○ 本規格の適用対象に関する記述の変更，及び本規格が適用される機関についての詳細な情報（第一者～第三者のラボラトリ，検査や製品認証の一環をなす試験・校正を実施する機関に適用できる，など）を可能な限り削除し，簡素化した記述に変更している．
○ 本規格の適用除外に関する説明文章を，可能な限り削除している．

【解　説】
　本規格が適用される組織，機関について記述している．

　2005年版からの大きな変更点としては，適用される組織の具体例を可能な限り削除し，シンプルに"ラボラトリ活動[*2]を行う全ての組織"に適用されるとしている．第2章2.4でも述べたように，この適用範囲の記述及び"ラボラトリ"の定義（3.6）により，本規格が試験所・校正機関に加え，後の試験・校正に付随するサンプリングを実施する機関も適用対象とすることが明確にされている．

　試験・校正（及びサンプリング）は様々な分野，場面で実施，利用されており，またラボラトリの存在状態も多種多様である．2005年版に記載されていた第一者，第二者，第三者というラボラトリの分類（詳細は JIS Q 17000:2005 の2.2～2.4参照）についても，ラボラトリの多様性を考えると簡単に分類することが難しいこと，またこのような分類を記述することで市場に第三者以外のラボラトリの独立性に関する疑義を生じさせ，それらの試験・校正結果の品質が高くないとの誤解を与えるおそれがあるという理由で，削除されている．ほかにも，どの分野に適用する（しない）のかを判断するのは市場であって本規格

ではない，というスタンスから，どこに適用される（されない）という記述は可能な限り削除している．

*2 ここでいう"ラボラトリ活動"とは，試験，校正及びサンプリングの各工程を指す．本規格の3.6参照．

2 引用規格

──────── JIS Q 17025：2018 ────────
2 引用規格

次に掲げる規格は，この規格に引用されることによって，この規格の規定の一部を構成する．これらの引用規格は，その最新版（追補を含む．）を適用する．

JIS Q 17000 適合性評価—用語及び一般原則

注記 対応国際規格：**ISO/IEC 17000**, Conformity assessment — Vocabulary and general principles（IDT）

ISO/IEC Guide 99, International vocabulary of metrology — Basic and general concepts and associated terms（VIM）[1]

注[1] **JCGM 200** としても知られている．

【解 説】

本規格の解釈に不可欠な用語の定義にかかる規格として，JIS Q 17000，及びISO/IEC Guide 99（VIM，2007年版）を記載している．ほかに本規格で引用されている規格，文書類は全て参考文献（Bibliography）に記載している．VIMについては，JCGM 200：2012がISO/IEC Guide 99のアップデート版として発行されており[*3]，本規格もJCGM 200を参照し作成した．ISO/IEC規格としてはISO/IEC Guide 99を引用規格とすべきという（ISO事務局の）判断により，引用規格はJCGM 200ではなくISO/IEC Guide 99とされたが，JCGM 200を意識付けるため，欄外に注記的に"JCGM 200としても知られている"と記述されている．なお，ISO/IEC Guide 99：2007とJCGM 200：2012

の差異は，本規格の用語には影響していない．

*3 JCGM 200:2012 は，BIPM（国際度量衡局）のウェブサイトより参照できる（執筆時現在）．

3 用語及び定義

―― JIS Q 17025:2018 ―

3 用語及び定義

この規格で用いる主な用語及び定義は，**ISO/IEC Guide 99** 及び **JIS Q 17000** によるほか，次による．

3.1

公平性（impartiality）

客観性があること．

注記1 客観性とは，利害抵触がないか，又はラボラトリの事後の活動に悪影響を及ぼすことがないよう，利害抵触が解決されていることを意味する．

注記2 公平性の要素を伝えるのに有用なその他の用語には，利害抵触がないこと，偏見がないこと，先入観がないこと，中立，公正，心が広いこと，公明正大，利害との分離，及び均衡が含まれる．

（出典：**JIS Q 17021-1**:2015, **3.2** の注記1にある"認証機関"を"ラボラトリ"に置き換え及び"独立性"を注記2から削除した．）

3.2

苦情（complaint）

ラボラトリの活動又は結果に関し，人又は組織が回答を期待して行う当該ラボラトリへの不満の表明．

（出典：**JIS Q 17000**:2005 の **6.5** を修正．"適合性評価機関又は認定機関"を"ラボラトリ"に置き換えた．また，"結果"を追加し，"異議申

立て"を削除した.)

3.3

試験所間比較（interlaboratory comparison）

事前に定めた条件に従って，二つ以上のラボラトリが，同一品目又は類似品目で行う，測定又は試験の企画，実施及び評価.

（出典：**JIS Q 17043**：2011 の **3.4**）

3.4

試験所内比較（intralaboratory comparison）

事前に定めた条件に従って，同一のラボラトリ内で，同一品目又は類似品目で行う，測定又は試験の企画，実施及び評価.

3.5

技能試験（proficiency testing）

試験所間比較による，事前に決めた基準に照らしての参加者のパフォーマンスの評価.

（出典：**JIS Q 17043**：2011 の **3.7** を修正．注記を削除した.)

3.6

ラボラトリ（laboratory）

次の一つ以上の活動を実行する機関．

— 試験

— 校正

— 後の試験又は校正に付随するサンプリング

　　注記　現在の規格の枠組みにおいて，"ラボラトリ活動"という用語は，上記三つの活動のことをいう．

3.7

判定ルール（decision rule）

特定の要求事項への適合性を表明する際に，測定不確かさをどのように考慮するかを記述した取決め．

3.8
検証(verification)

与えられたアイテムが規定された要求事項を満たしているという客観的証拠の提示.

- **例1** 対象とする任意の標準物質が,当該の量の値及び測定手順に対して,質量 10 mg の測定試料まで均質であることの確認.
- **例2** 測定システムが性能特性又は法的要求事項を満たしていることの確認.
- **例3** 目標測定不確かさを満たすことができることの確認.
- **注記1** 適用可能な場合は,測定不確かさを考慮することが望ましい.
- **注記2** アイテムとは,例えば,プロセス,測定手順,材料,化合物又は測定システムのいずれであってもよい.
- **注記3** 規定された要求事項とは,例えば,製造業者の仕様を満たしていることである.
- **注記4** VIML 及び一般に適合性評価で定義しているように,法定計量でいう検証は,評価及び表示,及び／又は測定システムに対する検定証明書の発行を含む.
- **注記5** 検証と校正とを混同しないようにすることが望ましい.全ての検証が妥当性確認であるとは限らない.
- **注記6** 化学の分野では,関連する実在物又は活性の同一性の検証には,その実在物若しくは活性の構造又は性質の記述が必要となる.

(出典:**ISO/IEC Guide 99** の **2.44**)

3.9
妥当性確認(validation)

規定された要求事項が意図した用途に十分であることの検証.

- **例** 水中の窒素の質量濃度の測定に通常用いる測定手順は,ヒトの血

清中の窒素の質量濃度の測定に対しても妥当である場合がある．
（出典：**ISO/IEC Guide 99** の **2.45**）

【解　説】

ISO/IEC Guide 99 及び JIS Q 17000 に定義のない用語，又はそれらに定義はあるが変更して用いられている用語についての，本規格における定義，及びそれらの出自又は変更内容を記載している．

箇条1（適用範囲）でも述べたが，サンプリング活動を試験・校正から独立した活動としても適用対象とするため，本規格の対象である"ラボラトリ（laboratory）"を，①試験，②校正，③後の試験・校正に付随するサンプリング，のうちの一つ以上の活動を実行する機関，と定義付けた（3.6）．これにより，試験・校正のためのサンプリングであれば，それだけを実施する機関もラボラトリの一つとして本規格の適用対象になっている．ISO/IEC 17025:2017 において"laboratory"の定義が変更されたことを受け，JIS Q 17025:2018 では"laboratory"の訳を2005年版の"試験所・校正機関"から"ラボラトリ"に変更した．

また，適合性表明[4]について，2005年版では校正結果に関し表明する際に"測定不確かさを考慮すること"との要求があったが，本規格では表明に測定不確かさを考慮するか，考慮する場合はどのように考慮するのかといった"判定ルール（decision rule）"を明確にすることが要求されており（7.1.3 及び 7.8.6），その用語の定義が記載されている（3.7）．

なお，"試験所間比較"（3.3）と"試験所内比較"（3.4）に関して，同一法人下で共通のマネジメントシステムにより管理されている複数のラボラトリであっても，異なる設備，参照標準等を用いて測定を行っているラボラトリ間の比較については，3.3 の試験所間比較とみなされる．

---

[4] 試験・校正結果が何らかの規格・基準・仕様等に適合している（又はしていない）ことを報告書上で表明する行為．

4 一般要求事項

JIS Q 17025:2018

4 一般要求事項

4.1 公平性

4.1.1 ラボラトリ活動は,公平に実行され,公平性を確保するように編成及び運営されなければならない.

4.1.2 ラボラトリマネジメントは,公平性を確約しなければならない.

4.1.3 ラボラトリは,ラボラトリ活動の公平性に対して責任をもたなければならず,公平性を損なう商業的,財務的,又はその他の圧力を容認してはならない.

4.1.4 ラボラトリは,公平性に対するリスクを継続的に特定しなければならない.ラボラトリの活動若しくは他との関係,又はその要員の他との関係をもつことから生じるリスクもこれに含めなければならない.ただし,そのような関係が,ラボラトリにとって必ずしも公平性に対するリスクになるとは限らない.

> 注記 ラボラトリの公平性に対する脅威となる関係としては,所有,統治,マネジメント,要員,共有資源,財務,契約,マーケティング(ブランド設定を含む.),及び新規顧客の紹介に関わる売上手数料の支払い又はその他の誘引条件に基づくものが挙げられる.

4.1.5 公平性に対するリスクが特定された場合,ラボラトリは,そのリスクをどのように排除又は最小化するかを実証できなければならない.

【JIS Q 17025:2005 からの主な変更点】

○ISO/CASCO の強制要求事項として新規導入された.

【解 説】

 "公平性"というタイトルで新設された 4.1 には,ISO/CASCO 強制要求事

項の文面がほぼ変更されることなく導入されている．公平性の確保は，適正な試験・校正・サンプリング業務を実施するために必要不可欠な要素であり，本規格においても十分な対応が要求されている．2005年版にも公平性確保に関する次のような要求事項があり，公平性に対するリスク要因がいくつか挙げられていた（下線は著者による）．

- 管理主体及び要員が，業務の品質に悪影響を与えるおそれがあるいかなる<u>内部的及び外部的な営業上，財務上又はその他の圧力</u>を受けないことを確実にするための体制をもつ．［4.1.5 b)］
- 試験所・校正機関の能力，<u>公平性</u>，判断又は業務上の誠実性に対する信頼を損なうおそれのあるいかなる活動にも試験所・校正機関が関与することを避けるための方針及び手順をもつ．［4.1.5 d)］
- 試験所・校正機関が試験又は校正以外の活動を行う組織の一部分である場合には，<u>潜在的な利害の衝突を特定する</u>ため，その組織内で試験所・校正機関の試験・校正活動に関与する又は影響する幹部要員の責任を明確に規定すること．（4.1.4）

2018年版では，公平性に対するリスクを継続的に明確化すること，また特定されたリスクについてどのように排除又は最小化するかを実証することが要求事項として組み込まれている．公平性に対するリスクの種類として，2005年版にも記述されていた営業上，財政上の圧力，要員間及び利害関係者との関係といったものが例示され，リスクを誘発する要因として所有，支配，管理，要員，共有資源といったものが例示されているが，2018年版ではより具体的な事例を特定することが要求されることになる．

参考までに，JIS Q 17021-1:2015（適合性評価—マネジメントシステムの審査及び認証を行う機関に対する要求事項—第1部：要求事項）には，公平性に対する脅威として次の例が挙げられている．

a) 自己の利害関係

個人又は機関が，自己の利益のために行動することから生じる脅威．公平性に対する脅威としての，認証に関する懸念は，自己に関わる財政的

な利害関係である．

　b）自己レビュー

　　個人又は機関が，自分自身が行った業務をレビューすることから生じる脅威．認証機関がマネジメントシステムのコンサルティングを行った依頼者のマネジメントシステムを自ら審査することは，自己レビューによる脅威となり得る．

　c）親密さ（又は信用）

　　個人又は機関が，審査の証拠を求めることなしに，他の者と過度に親密になっている又は信用していることから生じる脅威．

　d）威嚇

　　個人又は機関が，交代させられる，上司に報告されるという脅威など，公然と又は暗黙に，威圧されていると認識することから生じる脅威．

　ラボラトリ活動の公平性に影響する要因は，ラボラトリ要員と顧客との友人関係，同一企業内依頼部署や外部利害関係者（株主等）からの圧力，ラボラトリ要員の自己的都合による結果の操作など，ラボラトリの存在形態，要員の種類により多様である．ラボラトリには，自身の形態（他部署，外部関連機関との関係）及び業務プロセスを精査し，不当な圧力，なれ合いなどのリスク要因を特定することが要求される．また，特定されたリスクについて，影響を排除又は最小化するための具体的な方策をもち適用することが要求される．例えば，顧客と親密な要員にはラボラトリ活動に関与させない，関連部署との談合が疑われるような接触をしない，複数要員によるラボラトリ活動結果の総括的なチェック（改ざんがなされていないか）など，様々な方策があるであろう．もちろん大切なのは，個々のラボラトリ要員が不当な圧力，誘惑，なれ合いに惑わされることなく常に適正な試験・校正結果を報告するという自身の責務を十分に認識することである．公平性を欠くラボラトリ活動の実施はラボラトリの信頼性失墜に直結することを，要員一人ひとりが認識しなければならない．

　なお，"継続的に"リスクの評価を実施する頻度は，組織改編や要員の異動

の頻度等を考慮してラボラトリごとに設定する必要があり，加えて日常業務で発生する不適合業務，内部監査で発見された事例，苦情の内容が新たな公平性のリスクとなり得るかどうかをその都度評価すべきである．

JIS Q 17025:2018

4.2 機密保持

4.2.1 ラボラトリは，法的に強制力のあるコミットメントによって，ラボラトリ活動を実行する過程で得られた又は作成された全ての情報の管理について責任をもたなければならない．ラボラトリは，公開対象にしようとしている情報を，事前に顧客に通知しなければならない．顧客が公開している情報，又はラボラトリと顧客とが合意している場合（例えば，苦情への対応の目的のため）を除き，その他全ての情報は占有情報とみなし，機密としなければならない．

4.2.2 ラボラトリが機密情報を公開することを，法律で要求されるか又は契約上の取決めで認められた場合，顧客又は関係する個人は，法律によって禁止されない限り，当該情報の提供について知らされなければならない．

4.2.3 当該顧客以外の情報源（例えば，苦情申立者，規制当局）から得られた顧客に関する情報は，顧客とラボラトリとの間で機密としなければならない．この情報の提供者（情報源）は，ラボラトリの機密とし，情報源が同意した場合を除き，顧客と共有してはならない．

4.2.4 委員会のメンバー，契約人，外部機関の要員又はラボラトリの代理人として活動する個人は，法律で要求される場合を除き，ラボラトリ活動を遂行する間に得られた，又は生じた全ての情報について機密保持しなければならない．

【JIS Q 17025:2005 からの主な変更点】

○ISO/CASCO の強制要求事項として新規導入された．

【解　説】

4.1（公平性）と同様に，"機密保持"というタイトルで新設されたものであり，ISO/CASCO強制要求事項の文面がほぼ変更されることなく導入されている．ラボラトリは，ラボラトリ活動において得られる情報（主に顧客情報）について，機密保持を確実にするための手順をもち適用しなければならない．紙媒体として保持する記録類の管理手順としては，閲覧できる要員の制限，ファイル保管棚の鍵管理，適切な廃棄・処分（シュレッダー処理等）といったものが考えられる．電子媒体については，保管コンピュータへのアクセス管理，複写・変更の制限，データ転送経路の管理，ファイルに開封制限をかける，といった手順があるであろう．ラボラトリには，まず自身が保持する記録類のうちどれが機密情報であるのかを明確にし，機密情報を含む全ての記録類の適切な管理手順を構築することが求められる．

"法的に強制力のあるコミットメント"の例としては，機密保持を確実にする旨の表明を契約書や覚書に記載し，しかるべき要員の押印又は署名を付し契約段階で取り交わす，といった手順があるであろう．ラボラトリは顧客の所有権の保護を確実にしなければならず，そのためにラボラトリの管理主体は機密情報の保護を確約しなければならない．法的に強制力をもつコミットメントにより，万が一機密情報の漏えいが発覚した場合，ラボラトリは顧客に対し法的責任を負うことになる．その重大性を個々のラボラトリ要員が十分に認識した上で日常業務に臨まなければならない．

日本のラボラトリが法律要求や契約によって顧客情報を公に開示する事例は考えにくいが，もし開示する場合には，その情報を該当する顧客に対して事前に通知し了承を得ることが要求されている．

顧客以外の情報源から顧客に関する情報が寄せられた場合は，その情報を該当する顧客に通知すべきかどうかを検討する必要がある．もし通知する場合，通知する相手としては顧客だけとし，それ以外の者に伝えてはならない．加えて，その情報源に関する情報（誰が情報を提供したのか）については，情報源が同意した場合を除き該当する顧客に伝えてはならない．

ラボラトリの機密情報は，ラボラトリ要員だけでなく，ラボラトリ活動に関与する外部要員，請負業者，外部評価委員にも知られるところとなる．内部外部を問わず機密情報に接触する者に対し，機密保持を確実にするための手順（例えば，機密保持にかかる誓約書を取り交わすなど）をもち適用する必要がある．

5 組織構成に関する要求事項

――― JIS Q 17025：2018 ―――

5 組織構成に関する要求事項

5.1 ラボラトリは，そのラボラトリ活動に法的責任をもつ法人であるか，又は法人の一部として明確に位置付けられていなければならない．

　　注記　この規格の目的において，政府のラボラトリは，政府機関としての地位に基づき法人とみなす．

5.2 ラボラトリは，そのラボラトリについて総合的な責任をもつラボラトリマネジメントを特定しなければならない．

【JIS Q 17025：2005 からの主な変更点】

○"トップマネジメント"の用語が廃止され，ラボラトリ全体の責任を負う管理主体（ラボラトリマネジメント）を明確にすることが要求されている．

【解　説】

ラボラトリは，法的責任を負うことができる法人，又はそのような法人の一部を構成する組織でなければならない．文面は 2005 年版から変更されているが，要求内容は変わっていない．政府系ラボラトリが政府機関としての地位に基づく法人とみなされることを説明する注記は，他の JIS Q 17000 シリーズ規格との整合を考慮し，2018 年版で新規導入されたものである．

ラボラトリの総括的責任を負う存在として，2005 年版では"トップマネジメント"が用いられていたが，その定義が規格の中で明確でなかった．JIS Q 9000

ではトップマネジメントを，"最高位で組織を指揮し，管理する個人又はグループ"と定義しており，最高経営層を想定している．そのため，JIS Q 17025 に基づいたマネジメントシステムにおいても最高経営層をトップマネジメントとしているラボラトリが多かった．しかし，特にラボラトリが法人の一組織である場合，その法人の最高経営層（代表取締役社長，CEO など）はラボラトリにとって高位すぎる存在であり，そのマネジメントシステムを総括的に管理できているとは言い難いケースも多かった．2018 年版では，よりラボラトリに近い高さからラボラトリ全体を実質的に管理することができる立ち位置の管理主体を想定した"ラボラトリマネジメント（laboratory management）"を特定することを要求している．なお，ラボラトリマネジメントとしては，単一人（ラボラトリの長）だけでなく複数名（複数名からなる会議体）としてもかまわない．

―――――――――――――――――――――― JIS Q 17025：2018 ―

5.3 ラボラトリは，この規格に適合するラボラトリ活動の範囲を明確化し，文書化しなければならない．ラボラトリは，継続的に外部から提供されるラボラトリ活動を除いた当該ラボラトリ活動の範囲に関してだけ，この規格への適合を主張しなければならない．

5.4 ラボラトリ活動は，この規格，ラボラトリの顧客，規制当局及び認可を与える機関の要求事項を満足するように実施されなければならない．このことには，その全ての恒久的施設で実施されるラボラトリ活動，その恒久的施設から離れた場所で実施されるラボラトリ活動，関連する一時施設若しくは移動施設で実施されるラボラトリ活動，又は顧客の施設で実施されるラボラトリ活動が含まれなければならない．

【JIS Q 17025：2005 からの主な変更点】
○ラボラトリには，本規格に適合し実施する活動の範囲を明確に文書化することが新たに要求されている．

【解 説】

　ラボラトリには，自身が実施する能力をもつラボラトリ活動の範囲（range of laboratory activities）を文書化することが要求されている．自身が実施能力をもち技術的な責任を負うことができる範囲を主張するためのものであり，実施能力をもたず継続的に外部組織から提供を受けるラボラトリ活動（いわゆる"恒久的下請負業務"）はその範囲から除外されることとしている．

　例えば，サンプリング実施能力をもたず全て外部機関に委託している試験所，もしくは顧客により持ち込まれる品目だけを試験・校正の受注対象とするラボラトリについては，サンプリング工程がその活動範囲から除外されることになる．何らかの理由により一時的にある工程を外部機関から供給（外部機関に下請負依頼）されるケースであれば，その工程についてラボラトリによる技術的な確認が可能であるから，技術的な責任を負うことは可能である．しかし，ラボラトリ自身に実施能力がない状態で，外部から供給される工程について技術的に責任を負うことはできないであろう，という考えである．ただしこれはあくまでも技術的能力に注目した考えであり，契約上の責任は負うことができる．すなわち，十分に能力のある外部組織（例えば，本規格で認定されているラボラトリ）から提供を受けることで，本規格への適合についての責任を負い顧客のニーズを満たすことができる．したがってラボラトリは，この活動範囲に含まれない工程を含めた形で試験・校正業務を受注することは可能である．

　5.4について，恒久的施設以外の場所で実施される活動の例としては，顧客組織又は所在地へ赴いての現地校正や，河川など環境の測定に付随する現地（恒久的施設以外の場所）でのサンプリング，顧客が利用している倉庫などからのサンプリングがある．

JIS Q 17025：2018

5.5 ラボラトリは，次の事項を行わなければならない．

a) ラボラトリの組織及び管理構造，親組織における位置付け，並びに管理，技術的業務及び支援サービスの間の関係を明確にする．

> b) ラボラトリ活動の結果に影響する業務を管理，実施又は検証する全ての要員の責任，権限及び相互関係を規定する．
> c) ラボラトリ活動の一貫した適用及び結果の妥当性を確実にするために必要な程度まで手順を文書化する．

【解 説】

2005年版の要求事項をほぼ踏襲している．

ラボラトリには，自身の組織及びマネジメント構造，ラボラトリが所属する親組織における位置付け，要員及び管理主体の相互関係を明確にすることが要求されている．これによりラボラトリ活動の独立性，公平性に影響するリスク要因が明確になるであろう．このために，ラボラトリ（及びその親組織）の内部・外部関係を示す組織図を作成するのはよい方法である．

手順の文書化の程度についても，2005年版と同様に"必要な程度まで"を要求している．どの程度までを文書化すべきなのかは，手順の種類やラボラトリの形態によるところが大きい．要員が多人数であり人事異動が頻繁であるようなラボラトリであれば，業務の引継ぎや伝承のために文書化が必要な場合が多いであろうが，要員が唯一名で異動もないような場合には文書化は不要かもしれない．ラボラトリの裁量に任されているが，過剰な文書化は後々不要な管理を強いられることになる．自身のリスクに基づいて適切な文書化の程度を決定することが望ましい．

JIS Q 17025：2018

> **5.6** ラボラトリは，他の責任のいかんにかかわらず，次の事項を含む責務を果たすために必要な権限及び資源をもつ要員をもたなければならない．
> a) マネジメントシステムの実施，維持及び改善
> b) マネジメントシステムからの逸脱，又はラボラトリ活動の実施手順からの逸脱の特定

c) それらの逸脱を防止又は最小化する処置の開始
d) マネジメントシステムの実施状況及び改善の必要性に関するラボラトリマネジメントへの報告
e) ラボラトリ活動の有効性の確保

【JIS Q 17025:2005 からの主な変更点】
○2005年版で要求されていた"品質管理者"，"技術管理主体"の設置と，主要な管理主体の代理の設置が削除された．

【解 説】
　試験・校正結果に影響するラボラトリ活動（サンプリング，試験・校正品目の取扱い，測定業務，機器の取扱い，試験・校正結果の確認，報告書発行など）を実施する要員，及び業務管理を行う要員に対して，責任及び権限を付与することが要求されている．2005年版では品質マネジメントシステム及び技術的側面の総括的責任を負う存在として"品質管理者"及び"技術管理主体"をもつことが要求されていたが，個人に全ての管理責任を負わせることは望ましくないとの考えから，2018年版では削除されている．ラボラトリには管理要員をもつことだけが要求されており，それらによる適切な管理形態はラボラトリ自身が策定することになる．例えば，2005年版における技術管理主体としては複数名を割り当てることも可能であり，工程ごとに管理者を置くことも可能であったが，マネジメントシステムについても複数名による分担管理が可能な形となっている．

　明確な管理者を置き十分な管理権限を付与するという要求を廃止した一方で，マネジメントシステムの実施状況についての必要情報がラボラトリマネジメントに時機を逸することなく伝達されることを確実にすること，が新しい要求事項として設置されている．報告形態はラボラトリの裁量に任されているが，必要な管理要員が必要に応じて報告できる形態（例えば，定期品質会議の開催など）が望ましい．

---- JIS Q 17025：2018 ----

5.7 ラボラトリマネジメントは，次の事項を確実にしなければならない．

a) コミュニケーションが，マネジメントシステムの有効性，並びに顧客要求事項及びその他の要求事項を満たすことの重要性に関して行われている．

b) マネジメントシステムに対する変更が計画され実施された場合，マネジメントシステムの"全体として整っている状態"（integrity）が維持されている．

【JIS Q 17025：2005 からの主な変更点】
○ 2005 年版でのトップマネジメントの責務を，ラボラトリマネジメントの責務として設置した．

【解　説】
　ラボラトリマネジメントの責務としては，2005 年版におけるトップマネジメントの責務内容をほぼそのまま採用している．ラボラトリ内のコミュニケーションについては，その目的（マネジメントシステムの有効性，並びに顧客要求事項及びその他の要求事項を満たすことの重要性を認識する）が 2018 年版で明確にされた．

　ラボラトリ活動を実施する上で，個々の要員がこれらの重要性を認識しながら行うことは極めて重要であるが，その意識を植え付けることは容易ではない．単純な一方通行的教育だけでなく，定例会議や日々の会話などの中でも仕事に対する意識を確認しながら，認識をもたせることができるだろう．ラボラトリマネジメントにはそのようなコミュニケーションの場，機会を形成することが求められる．

　マネジメントシステムに何らかの変更がなされた場合にあっても，その"全体として整っている状態"が維持されている（マネジメントシステムの適切な機能が維持されている）ことの確認は重要であり，変更がマネジメントシステムに影響するリスクを特定し適切に処理することが必要であろう．これは内部

監査(8.8),マネジメントレビュー(8.9)においても確認することができる.

6 資源に関する要求事項

JIS Q 17025:2018

6 資源に関する要求事項

6.1 一般

ラボラトリは,ラボラトリ活動の管理及び実施に必要な要員,施設,設備,システム及び支援サービスを利用できるようにしなければならない.

【解 説】

ラボラトリ活動を実施するために必要な資源(要員,施設,設備,外部サービス)についての要求事項が箇条6に設定された.ISO/CASCO共通構造の採用により新たに設定された箇条である.必要な資源については,実施に必要な場合に利用できるよう,適切に管理しなければならない.

JIS Q 17025:2018

6.2 要員

6.2.1 ラボラトリ活動に影響を与え得る,ラボラトリの内部又は外部の全ての要員は,公平に行動し,力量をもち,ラボラトリのマネジメントシステムに従って業務を行わなければならない.

6.2.2 ラボラトリは,学歴,資格,教育・訓練,技術的知識,技能及び経験に関する要求事項を含め,ラボラトリ活動の結果に影響を与える各職務に関する力量要求事項を文書化しなければならない.

6.2.3 ラボラトリは,その要員が,責任をもつラボラトリ活動を実施し,かつ,逸脱の重大性を評価する力量をもつことを確実にしなければならない.

6.2.4 ラボラトリの管理要員は,要員に責務,責任及び権限を伝達しなければならない.

6.2.5 ラボラトリは,次の事項に関する手順をもち,記録を保持しなけ

ればならない．
a) 力量要求事項の決定
b) 要員の選定
c) 要員の教育・訓練
d) 要員の監督
e) 要員への権限付与
f) 要員の力量の監視

6.2.6 ラボラトリは，特定のラボラトリ活動（次を含むが，これらに限定されない）を実施する権限を，要員に与えなければならない．
a) 方法の開発，変更，検証及び妥当性確認
b) 適合性の表明又は意見及び解釈を含めた，結果の分析
c) 結果の報告，レビュー及び承認

【JIS Q 17025：2005 からの主な変更点】
○雇用された要員又は契約要員の使用，要員の教育訓練及び技量に関する目標をもつこと，教育訓練計画の作成，教育訓練の有効性評価に関する要求事項が削除された．
○力量に対する要求事項の文書化，ラボラトリ活動に関して発見された逸脱の重大性を評価する力量をもつこと，特定のラボラトリ活動（方法の開発・検証・妥当性確認，適合性表明，意見及び解釈を含む）を行う要員への権限付与，が新たに要求事項として導入された．

【解　説】
　6.2 では，ラボラトリ活動を行う要員の力量，教育訓練，権限付与に関する要求事項を記載している．内部及び外部の要員について，十分な力量があることを確実にするための手順をもち，必要な記録を維持することが要求されている．2005 年版にあった規範的な要求事項の多く（教育訓練及び技量に関する目標をもつこと，教育訓練計画の作成，教育訓練の有効性評価，権限付与及び

力量確認の日付を記録に含めること）が削除され，適切な教育訓練，監督，権限付与，力量監視にかかる手順をもち適用すること，及び記録を保持すること，というパフォーマンスベースの要求事項に変更されている．

2005年版で要求されていた要員の雇用契約形態（パートタイマー，アルバイトなど）については，2018年版ではなくなっている．外部要員（客先の要員，技術スタッフなど）については，適切な能力を有していることをラボラトリが確認できれば，雇用契約なしでも使用できるようになっている．

6.2.2について：ラボラトリ活動の品質に影響する活動を行う職務（測定要員，技術管理要員，品質管理要員等）の力量に対する要求事項を文書化することが要求されている．学歴に関する要求事項としては，各職務に必要とされる学歴，例えば，"理系（○○系）四年制大学卒業"，"××系専門学校修了"，などが挙げられる．要求されているのは各機能に携わる要員の"力量"に関する要求事項であり，教育訓練を受けること（例えば，○○研修を受講すること）だけではなく，教育訓練の結果として要員が備えるべき力量を具体的に文書化（例えば，○○筆記・実技試験にて△△点以上の成績を残すこと）する必要がある．また専門的経験を必要とする活動については，必要とされる経験（例えば，該当する試験を○○年で△△回以上経験していること）を文書化する．なお，"力量"に関する記録としては，教育訓練の結果以外にもあり得る．例えば管理要員によるモニタリング記録，会議議事録（該当要員の発言）なども要員の力量を確認できる記録である．参考として，JIS Q 17021-1:2015の附属書Bには，個人の力量を評価する手段として，①記録のレビュー（経歴書，業務報告書等），②フィードバック（推薦状等），③面談，④観察（業務モニタリング），⑤試験（筆記，口頭，実技）が例示されている．

6.2.3について：ラボラトリ活動を実施する中で発見される何らかの逸脱（例えば，依頼試験・校正品目の異常，測定環境の規定条件からの逸脱，測定装置の管理基準からの逸脱，測定結果の評価基準からの逸脱など）について，その試験・校正結果に与える影響の重大性を評価する能力をもつことを要求している．逸脱を的確に評価する力量は，必要な教育訓練（例えば，逸脱事例集

の利用，トラブルシューティング実習など）及び経験の積み重ねにより会得することができよう．これにより，影響のある逸脱が実施・確認工程で看過されることを防止することができる．

6.2.4 について：5.5 b) では，ラボラトリに対し，ラボラトリ活動の結果に影響する業務実施にあたる全要員の責任，権限を明確に規定することが要求されているが，加えて 6.2.4 で，ラボラトリの管理要員に対し，各要員にそれぞれの責務，責任及び権限をしっかりと伝達することを要求している．これにより，各要員が実施する業務に対し責任感をもって臨むことになる．

6.2.5 について：各工程に関し適切な手順をもち，その手順に従って実施し，必要な記録を保持することを要求している．規定された力量要求事項［a)］を基に（適切な資格を有する）要員の選定を行い［b)］，必要な教育・訓練を実施し［c)］，力量のある要員による監督（OJT 等）を実施し［d)］，力量が確認された要員に対し権限を付与する［e)］，という要員管理のフローに沿って項目が並んでいる．f) 力量の監視は，権限付与された要員が継続的に力量を維持しているかどうかを確認する工程である．継続的な確認は，各要員が実施するラボラトリ活動の程度（業務量，難しさ，重要性など）に対し適切な頻度で実施すべきである．

6.2.6 について：要員への権限付与について，2005 年版では日常的な業務であるサンプリング・試験・校正の実施，報告書の発行，意見及び解釈の提供，及び特定のタイプの設備の操作，を行う要員に対し権限付与を要求していたが，2018 年版ではそれらに加え，方法の開発・変更・検証及び妥当性確認，及び適合性表明といった個々のラボラトリ活動に対しても権限付与を求めている．方法の開発・変更のための検証，妥当性確認には，適切な計画の策定及び得られるデータを適切に評価する力量が要求される．適合性表明には統計的情報に基づく適切な判定ルールを設定する必要があり，関連する専門的知識が必要である．また意見及び解釈はいわゆる専門的判断（professional judgement）であり，要員の豊富な知識・経験に基づいてなされるものである．それゆえに，これらの活動を実施する要員についての権限付与を要求することとしている．

なお c）の"結果の報告"はラボラトリ内部での報告（結果のまとめ，報告書案の作成）のことであり，その報告結果が顧客に渡される前に，権限付与された要員によりレビュー及び承認されることを要求している．

JIS Q 17025 : 2018

6.3 施設及び環境条件

6.3.1 施設及び環境条件は，ラボラトリ活動に適するものでなければならない．また，結果の妥当性に悪影響を及ぼしてはならない．

　　注記　結果の妥当性に悪影響を及ぼし得る影響には，微生物学的汚染，ほこり，電磁障害，放射線，湿度，電力供給，温度，騒音及び振動が含まれるが，これらに限定されない．

6.3.2 ラボラトリ活動の実施に必要な施設及び環境条件に関する要求事項を文書化しなければならない．

6.3.3 ラボラトリは，該当する仕様書，方法若しくは手順書に従い，又は環境条件が結果の妥当性に影響を及ぼす場合には，環境条件を監視し，制御し記録しなければならない．

6.3.4 施設を管理するための手段を実施し，監視し，定期的に見直さなければならない．これらの手段には，次の事項が含まれなければならないが，これらに限定されない．

a) ラボラトリ活動に影響を及ぼす区域への立入り及びこれらの区域の使用

b) 汚染，干渉又はラボラトリ活動への悪影響の防止

c) 両立不可能なラボラトリ活動が行われる区域間の効果的な分離

6.3.5 ラボラトリが自身の恒久的な管理下にない場所又は施設でラボラトリ活動を実施する場合は，この規格の施設及び環境条件に関する要求事項が満たされることを確実にしなければならない．

【JIS Q 17025：2005 からの主な変更点】

〇ラボラトリ内の整理・整とん・衛生に関する要求事項が削除された．

【解 説】

要求内容としては，整理・整とん・衛生に関する要求事項が削除されたことを除き，2005年版からの変更はない．

6.3.1について：試験・校正を実施する施設は，実施される活動に適した仕様でなければならない．試験・校正結果の妥当性に影響する，もしくは測定規格，仕様書が要求する施設・環境条件（温度，湿度，気圧，清浄度，振動・騒音，粉じん量，浮遊細菌数等）を特定し，それらを実現するために十分な設備（空調，空気清浄機能，防音機能等）を備える必要がある．

6.3.2，6.3.3について：施設・環境条件に対する要求事項を文書化し，それらについて適切に維持するために監視し記録しなければならない．監視，記録の方法としては，試験・校正を実施する間に環境条件を測定し記録する方法や，データロガーを用いて常時記録する方法があるが，いずれの場合にも試験・校正が適正に実施できる条件を満足していることを確認しなければならない．特に後者の場合には，環境条件が試験・校正実施可能な管理基準を逸脱していないかどうかをしっかりと確認する必要がある．また，環境条件の常時測定監視によらない（例えば，月1回の定期測定による監視等）場合には，必要な施設設備のパフォーマンスが日常的に十分であることを確実にする必要がある（例えば，空調のフィルタを定期的に洗浄する，フィルタ差圧が安定していることを日常確認する，など）．

6.3.4について：試験・校正実施中の悪影響因子（測定中の測定室内への部外者の立ち入り，影響のある活動の同一室内での同時実施等）については，その影響の程度を評価した上で適切な対応をとる必要がある．例えば，試験における試料間交差汚染（クロスコンタミネーション）に配慮し高濃度試料と低濃度試料を同一時期に処理しない，振動を発生させる作業を同時期に実施させない，といった配慮が考えられる．

6.3.5について：ラボラトリ活動を恒久的施設外で実施する場合（顧客先や屋外など，顧客が指定する場所で試験・校正・サンプリングを行う場合），ラボラトリによる環境条件の管理が不可能である．その場合には，ラボラトリ活

動の結果に影響を及ぼす要因を特定し，それらについて判断基準（試験・校正・サンプリングが実施可能な範囲）を設定し適用するという配慮が必要になる．

JIS Q 17025:2018

6.4 設備

6.4.1 ラボラトリは，ラボラトリ活動の適正な実施に必要で，かつ，結果に影響を与え得る設備（これには測定装置，ソフトウェア，測定標準，標準物質，参照データ，試薬及び消耗品又は補助的器具を含むが，これらに限定されない）が利用可能でなければならない．

> 注記1　標準物質及び認証標準物質（CRM）には，参照標準，校正用標準物質，参照標準物質（SRM），品質管理用物質を含め，多数の名称が存在する．**JIS Q 17034** は，標準物質生産者（RMP）に関する追加情報を含んでいる．**JIS Q 17034** の要求事項を満たす RMP は，能力があるとみなされる．**JIS Q 17034** の要求事項を満たす生産者から入手した標準物質には，製品情報シート／認証書が添えられている．そこには，その他の特性とともに，規定特性の均質性及び安定性が記載されており，認証標準物質については，更に認証値及び付随する測定不確かさ並びに計量トレーサビリティをもつ規定特性が記載されている．

> 注記2　**JIS Q 0033** は，標準物質の選択及び使用に関する手引を提供する．**ISO Guide 80** は，内部で品質管理用物質を生産するための手引を提供する．

6.4.2 ラボラトリが自身の恒久的な管理下にない設備を使用する場合は，この規格の設備に関する要求事項が満たされることを確実にしなければならない．

【JIS Q 17025：2005 からの主な変更点】
○設備に，標準物質，参照データ，試薬，消耗品を含めている．
○必要な設備を"保有すること"から"利用可能でなければならない"に変更している．

【解　説】
　6.4 では，ラボラトリ活動の適正な実施に必要な設備の使用，維持管理に関する要求事項を記載している．

　6.4.1 について：2005 年版では設備として扱われていなかった標準物質，試薬及び消耗品を，2018 年版では設備（equipment）に含め，本要求事項により管理することとされた．WG 44 では当初，"測定設備（measuring equipment）"の定義として"測定プロセスの実現に必要な，計器，ソフトウェア，測定標準，標準物質又は補助装置若しくはそれらの組合せ"（JIS Q 9000：2006 3.10.4 と同一の定義）を箇条 3 に設置していたが，議論の結果 JIS Q 9000 からそのまま引用していた"測定設備"の定義を削除し，それに代わり本規格で用いる"設備"に含まれ得るものを 6.4.1 に記述した．2005 年版では別の箇条に規定されていた標準物質や参照標準に関する要求事項も，2018 年版では 6.4.1 に含めている．試薬，消耗品についても，ラボラトリ活動の結果に影響するものには 6.4.1 の要求事項が適用される．

　2005 年版において，参照標準は（参照標準としての機能が無効にならないことを示し得る場合を除き）校正以外の目的には使用してはならないとされていた（5.6.3.1）が，2018 年版からは削除されている．他設備と同様，ラボラトリに参照標準としての適正な機能を確実にしつつ使用することを要求している．

　注記 1 について：JIS Q 17034：2018 は（認証）標準物質の生産者の能力に対する要求事項をまとめた国家規格である．この規格に適合した生産者が生産する標準物質又は認証標準物質には，それらに関する諸情報［特性値及びその不確かさ，均質性，安定性，保管条件，使用上の注意事項など，JIS Q 0031

(ISO Guide 31)"標準物質—認証書,ラベル及び附属文書の内容"で要求される記載項目］が記載された製品情報シート又は認証書が添付されており,適切な（認証）標準物質を選択する上で非常に有益である．

6.4.1，6.4.2 について：ラボラトリ活動に必要な設備について，2005年版では"保有すること（shall be furnished with...）"としていたが，2018年版では"利用可能であること（shall have access to...）"と変更されている．ラボラトリは必ずしも設備を保有（購入，レンタル・リース契約）する必要はなく，無契約の使用時貸借や，他ラボラトリとの外部設備の共用も許容される．ラボラトリが自身の管理下にない設備（レンタル品，他部署からの貸借品等）を使用する場合には，使用する前にそれらが適切な性能を有していることを検証しなければならない（6.4.4）．

JIS Q 17025：2018

6.4.3 ラボラトリは，設備が適正に機能することを確実にするため及び汚染又は劣化を防止するために，設備の取扱い，輸送，保管，使用及び計画的保守の手順をもたなければならない．

6.4.4 ラボラトリは，設備を業務使用に導入する前又は業務使用に復帰させる前に，規定された要求事項への適合を検証しなければならない．

【解　説】

6.4.3 について：設備の取扱い，輸送，保管，使用及び保守に関する手順をもたなければならない．具体的な要求事項は 6.4 の各細分箇条に記載されているが，2005 年版の 5.5.3 で要求されていた"（使用説明書を含め）設備の使用及び保守管理に関する最新の指示書を，ラボラトリの担当要員がいつでも利用できる状態にしておくこと"は 2018 年版からは削除されている．詳細な操作手順書や管理手順書を文書化，維持する必要性をラボラトリごとに（リスクベースで）検討し，必要と判断されれば文書化すればよい．

6.4.4 について："業務使用に復帰させる前に"には，一旦ラボラトリの管理下から外された設備が業務に戻される全てのケース（例えば，点検・修理から

戻された場合，定期的な外部校正から戻された場合，一時的に管理外に置いた設備を管理下に戻す場合，など）を含む．

―― JIS Q 17025:2018 ――

6.4.5 測定に使用される設備は，妥当な結果を得るために必要な測定の精確さ及び／又は測定不確かさを達成する能力をもたなければならない．

6.4.6 測定設備は，次の場合に校正されなければならない．
― 測定の精確さ又は測定不確かさが，報告された結果の妥当性に影響を与える．
― その設備の校正が，報告された結果の計量トレーサビリティを確立するために要求される．

　注記　報告された結果の妥当性に影響を及ぼす設備には，次が含まれ得る．
　　　― 測定対象量の直接測定に使用される設備．例えば，質量の測定を行うために，はかりを使用する場合．
　　　― 測定値の補正に使用される設備．例えば，温度測定．
　　　― 複数の量から計算された測定結果を得るために使用される設備．

6.4.7 ラボラトリは，校正プログラムを確立しなければならない．その校正プログラムは，校正状態についての信頼を維持するため，見直され，必要に応じて調整されなければならない．

【JIS Q 17025:2005 からの主な変更点】

○校正が必要な設備の説明として，2005 年版の "試験・校正又はサンプリングの結果の正確さ若しくは有効性に影響をもつ設備" から，2018 年版では "測定の精確さ又は測定不確かさが，報告された結果の妥当性に影響する設備" に変更された．加えて，"計量トレーサビリティの確立のために校正が要求される場合" が追加された．

○校正が必要な設備の例が，注記として記載されている．

【解 説】

6.4.5，6.4.6について：校正（校正プログラムの確立）を必要とする設備の説明は，2005年版では2か所すなわち"機器の特性が結果に重大な影響をもつ場合"(5.5.2)，"設備が試験・校正又はサンプリングの結果の正確さ若しくは有効性に影響をもつ場合"(5.6.1)に記載されていたが，2018年版では本細分箇条のみに記述されている．2018年版では"測定不確かさ"が明確に記述されており，校正の是非を判断する際に測定不確かさを考慮要因とすることが新たに要求されている．

"測定の精確さ"の定義はISO/IEC Guide 99によると"測定された量の値と，測定対象量の真の値との一致の度合い"である．ISO/IEC 17025の改訂作業においては，"一致の度合い"とは測定値の"ばらつき"と"かたより"の双方の程度に基づく概念であり，"ばらつき"が測定不確かさの概念と重複することから，概念が一部重複する"測定の精確さ"と"測定不確かさ"を並列的に記載することには違和感があるとの意見もあった．しかし，試験分野では"測定の精確さ"，校正分野では"測定不確かさ"が主に用いられていることを考慮し，それらを並列的に記載することは有益であるというWG 44の判断がなされている．

6.4.6について：校正が必要な設備として，上記のほかに"その設備の校正が，報告された結果の計量トレーサビリティを確立するために要求される"場合を挙げている．注記に記載されたケースのように，該当する設備による測定結果が直接的に報告結果に影響している（報告単位を構成する，直接報告値に影響がある）場合には，たとえその設備の測定不確かさが総合的な測定不確かさに比べ十分に小さい場合であっても校正されなければならない．なお，注記の二つ目の事例は，温度測定値で測定結果を補正するようなケース（例えば，ブロックゲージの校正値を校正時温度で補正し，20℃における校正結果として報告する場合），三つ目の事例は複数の測定結果を組み合わせて一つの測定結果を組み立て算出するケース（例えば，熱伝導率の校正値を，温度と長さと電圧の測定値から得る）を想定している．そのほかに，測定規格，方法等で設

備の校正が要求されているケースもこれに該当する．

ISO/IEC Guide 99 の定義では，"校正"とは"測定標準によって提供される測定不確かさを伴う量の値と，付随した測定不確かさを伴う当該の指示値との関係を確立する操作"（2.39）とされているように，校正には測定不確かさが伴わなければならない．対象設備と参照標準との単純な数値の比較［例えば，参照標準である（外部校正された）ストップウォッチとラボラトリが用いているストップウォッチを同時に作動させて経過時間を比較する操作］は校正ではなく，"点検"，"器差検証"などと呼ばれるべきものであろう．特に，ラボラトリが所有する設備の内部"校正"を行う場合には，その操作が校正としての要素を満たしているかどうかについて留意すべきである．

6.4.7 について：6.4.6 で定める重要設備については，適切な性能を維持するために適切な校正周期を設定し，定期的に校正を実施しなければならない．適切な校正周期は設備の使用状況，校正値の安定性，中間チェック（6.4.10）の実施頻度及び方法等に依存する．初期の段階では校正値の推移を把握するために，高頻度で校正を実施することが望ましい．変動の特徴を把握する校正値の安定性が確認できれば，校正周期を長くすることができるだろう．逆に，校正値に一定の傾向（ドリフト）が確認される場合には使用期間内で許容幅を超えてしまうおそれがあり，定期校正の周期を短くすることを検討する必要がある．各設備の適切な校正周期を，ラボラトリごとにリスクを考慮して決定する必要がある．

―― JIS Q 17025：2018 ――

6.4.8 校正が必要な全ての設備又は有効期間が定められた全ての設備は，設備の使用者が校正状態又は有効期間を容易に識別できるように，ラベル付けを行うか，コード化するか，又はその他の方法で識別しなければならない．

6.4.9 過負荷又は誤った取扱いを受けた設備，疑わしい結果を生じる設備，又は欠陥をもつ若しくは規定の要求事項を満たさないことが認められ

6　資源に関する要求事項

た設備は，業務使用を停止しなければならない．その設備は，それが正常に機能することが検証されるまで，使用を防止するため隔離するか，又は業務使用停止中であることを示す明瞭なラベル付け若しくはマーク付けを行わなければならない．ラボラトリは，不具合又は規定された要求事項からの逸脱の影響を調査し，不適合業務の管理の手順を開始しなければならない（**7.10** 参照）．

【JIS Q 17025：2005 からの主な変更点】

○ 校正が必要な設備に付す情報として，2005年版での"（実行可能な場合，）最後に校正された日付及び再校正を行うべき期日又は有効期間満了の基準"（5.5.8）から，2018年版では"校正状態の容易な識別"に変更された．

○ 不具合設備の修理後の適正な動作の確認手段が，"校正又は試験"から"検証"に変更された．

【解　説】

6.4.8 について：校正が必要な設備には，その校正の状態が把握できるようラベル付け，コード付けなどの手法により識別しなければならない．校正状態は管理台帳などの設備とは離した形で管理できるであろうが，通常は校正状態を管理するのは管理要員であり，実際に測定を行う要員が対象設備の校正の有効期限が切れていないことを使用現場で確認できる（測定要員が常に適切に管理された設備を使用する）ために，設備への目に見える識別が必要とされている．しかし，2005年版で要求されていた直近の校正実施日及び次回校正時期の識別付与については2018年版では削除されており，識別の仕方（例えば，設備にラベル・コード付けを行う，設備の近傍に校正表を貼付する，など）についてはラボラトリ自身が決定できるようになっている．

これまでに設備へ貼付されてきた校正状態を表すラベルは，一つの識別手段として有効であろう．また，設備の寸法によっては個々の設備へ直接のラベル貼付が困難な場合もあり，設備の容器や保管場所で情報の一覧を掲示するなど

の対応も考えられる．

　6.4.9 について：何らかの過負荷（例えば過大電圧の負荷，規定を超える高温への暴露など）や取扱いのミスによりパフォーマンスが低下している可能性がある設備，得られた疑わしい測定結果がそれに起因する可能性がある設備，測定に影響すると考えられる不具合が発見された設備，管理因子が設定された管理基準を逸脱しているような設備は，それを用いて得られる測定結果の信頼性が失われている可能性があるため，まず誤使用を避けるための配慮として，測定室から隔離するか，又は"使用禁止"の識別を付すことを要求している．測定に用いる前に必要であれば適切に修理を行い，検証（値が既知の品目の試験・校正の実施，動作確認，修理業者による修理後検査結果の評価等）した後に使用されなければならない．

　設備の不具合又は管理基準からの逸脱が確認された場合，不適合業務として取り扱う．その中で，その不具合又は逸脱の重大さを評価することになるが，併せてそれが過去の測定結果にどの程度影響していたのかを確認することは非常に重要なアクションである．影響の程度によっては，過去に発行した校正証明書又は試験報告書の無効化処理を実施しなければならない場合もあるが，それは顧客にとっては痛手である．そういった事態を避けるためには，日々の設備管理（使用前点検，定期的なメンテナンス及び校正）をしっかりと実施することが必要になる．

　設備の機能の検証には，過去に測定した試験・校正品目を用いる場合もある．

JIS Q 17025：2018

6.4.10　設備の機能についての信頼を維持するために中間チェックが必要な場合には，これらのチェックは，手順に従って実施しなければならない．

【JIS Q 17025：2005 からの主な変更点】

○中間チェックに関する要求事項は，2005 年版では設備（5.5）及び測定のトレーサビリティ（5.6）の双方に設置されていたが，2018 年版では 6.4（設備）だけに設置されている．

【解　説】

　中間チェックとは，定期的な校正がなされる設備について，校正のステータスが使用期間中維持されていることを確実にするために実施するチェックをいう．各設備に中間チェックが必要であるかどうか，またどの程度の頻度で実施すべきかの判断は，その校正対象量の安定性，設備の使用頻度，設備の劣化に寄与する要因への暴露の程度，などを考慮してなされるであろう．また中間チェックの方法として，校正を実施する（数値的な評価）こともあれば，簡便な外観チェック（きず，汚れの確認）でよい場合もある．例えば，新規導入時など校正値の安定性が未知である期間は数値的な評価を頻繁に行い，値の推移の程度に基づいてチェックの期間を延ばすことやチェックを簡易的なものに変更していく，といった対応が推奨される．

　重要設備の定期校正で不適切な結果が得られた場合には，その設備を用いての過去の測定結果の信頼性が危ぶまれるケースもあろう．そういった事態を避けるために，ラボラトリ自身の責によって適切に中間チェックを実施する必要がある．

　なお2018年版では，参照標準，実用標準，標準物質等の中間チェックに関する要求事項（2005年版 5.6.3.3）は本細分箇条に統合されており，これら標準類の中間チェックについても実施の有無をラボラトリが判断できるようになっている．

JIS Q 17025：2018

6.4.11 校正及び標準物質データに参照値又は補正因子が含まれる場合，ラボラトリは，規定された要求事項を満たすために，必要に応じて，参照値及び補正因子が更新され，有効に使用されることを確実にしなければならない．

6.4.12 ラボラトリは，意図しない設備の調整によって結果が無効となることを防ぐために，実行可能な手段を講じなければならない．

【解　説】

6.4.11 は設備の補正因子の更新，6.4.12 は校正結果に影響する設備の調整の防止に関する要求事項である．6.4.11 に標準物質が追記されたことを除けば，2005 年版からの大きな変更はない．

6.4.11 について：校正においては，参照標準の校正結果（偏差及び測定不確かさの値）を校正品目の結果に反映させる必要がある．また化学物質の機器測定において標準物質を用いて検量線を作成する場合は，標準物質の正しい濃度値を用いて作成する必要がある．測定値の算出においては，使用した設備の補正因子・参照値を間違いなく使用するための手順をもたなければならない．後の測定値の計算において適切な情報を利用するために，どの測定機器・参照標準を用いて測定を実施したのかの記録（複数の同一設備を保有している場合は，用いた設備の識別番号まで）をしっかりと残しておく必要がある．また，特に表計算ソフトや処理システム（ワークステーションなど）を用いて算出処理を行う場合，日常測定業務の中でそれら因子の更新が失念されるおそれがある［通常，それら因子の入力シート（ウィンドウ）が算出シート（ウィンドウ）の裏に隠れている場合が多い］ため注意が必要である．

6.4.12 について：設備を日常的に使用する中で，何らかの調整を実施する必要がある設備もあろう．どのような調整を実施すると測定結果に影響するのかを事前に把握し，必要であれば手順書に記載するなどして要員に周知徹底を図る必要がある．

JIS Q 17025:2018

6.4.13 ラボラトリ活動に影響を与え得る設備の記録を保持しなければならない．記録には，適用可能な場合，次の事項を含めなければならない．

a) ソフトウェア及びファームウェアのバージョンを含む，設備の識別．

b) 製造業者の名称，型式の識別及びシリアル番号又はその他の固有の識別．

c) 設備が規定された要求事項に適合していることの検証の証拠．

6 資源に関する要求事項　　　67

> d) 現在の所在場所．
> e) 校正の日付，校正結果，調整，受入基準及び次回校正の期日又は校正周期．
> f) 標準物質の文書，結果，受入基準，関連する日付及び有効期間．
> g) 設備の機能に関連する場合は，保守計画及びこれまでに実施された保守．
> h) 設備の損傷，機能不良，改造又は修理の詳細．

【JIS Q 17025：2005 からの主な変更点】
○設備の記録として必要な項目が変更された（ファームウェアバージョンの追加，標準物質に関する記録項目の追加，"製造業者の指示書又は所在場所の参照"の削除）．

【解　説】
　設備の記録の維持についての要求事項は，上記の変更はあったがほぼ2005年版の内容を引き継いでいる．各設備の記録には，ラボラトリ活動結果に影響する全ての設備の識別管理が可能な程度まで，情報を網羅する必要がある．一般的には設備ごとに管理台帳を作成し管理されているが，ラボラトリごとに管理しやすい手順を決定すればよい．新規導入時や定期的な検証，校正の結果を何らかの評価基準を用いて評価する場合は，検証・校正結果に加えその評価基準，及び評価結果を記録として維持する必要がある．

　2018年版では標準物質を設備に含めていることから，標準物質に必要な記録がf）に記載されている．標準物質については，添付されている製品情報に記載されている標準物質の特性値及びその付与日のほか，ラボラトリがそれを用いて調製を実施した日付及び調製結果も重要な記録として維持する必要がある．"標準物質に関する文書"には，添付の製品情報[*5]のほか，ラボラトリの調製手順，調製後濃度表なども含まれる．また有効期限としては，製品情報に記載されている製品の有効期限のほか，ラボラトリの調製品に対しても適切な

有効期限を設定する必要がある．

c）について：設備の導入時期によっては，現在のマネジメントシステムの運用より前に導入されている場合も考えられる．導入時の検収記録が現在の測定ニーズに合致している場合は，マネジメントシステムの運用の前後にかかわらず，その記録をもって証拠とすることができよう．検証を実施した設備であっても測定規格，仕様の改正等によって，新たに検証が必要となる場合がある．

---

*5　JIS Q 0031：2018（ISO Guide 31：2015）では，認証標準物質には"標準物質認証書"，その他の標準物質には"製品情報シート"が添付されるとしている．

────────────────────────────── JIS Q 17025：2018 ─

6.5　計量トレーサビリティ

6.5.1　ラボラトリは，測定結果を適切な計量参照に結び付けるよう，それぞれの校正が測定不確かさに寄与している，文書化された切れ目のない校正の連鎖によって，測定結果の計量トレーサビリティを確立し，維持しなければならない．

　　注記1　**ISO/IEC Guide 99**には，計量トレーサビリティは，"それぞれが測定不確かさに寄与している，文書化された切れ目のない校正の連鎖によって計量参照に測定結果を関係付けることができるという測定結果の性質"として定義されている．

　　注記2　計量トレーサビリティに関する追加の情報については，**附属書A**を参照．

──

【解　説】

計量トレーサビリティに関する要求事項である6.5は，その構成が2005年版と大きく異なっている．6.5.1では，ISO/IEC Guide 99にある計量トレーサビリティの定義を引用する形の要求事項になっている．ISO/IEC Guide 99には，"ILACは計量トレーサビリティを確認するための要素を，①国際測定標準又は国家測定標準に至る切れ目のない計量トレーサビリティの連鎖，②文

書化された測定不確かさ，③文書化された測定手順，④認定された技術能力，⑤SIへの計量トレーサビリティ，及び⑥校正周期と考えている."と記載されている（2.41 注記7）．これら六つの要素は，計量トレーサビリティの確立及び維持のために不可欠な要素であり，ラボラトリは計量トレーサビリティについて，これら全ての要素を考慮する必要がある．なお，トレーサビリティ源としての"適切な計量参照"の具体的な選択肢は，6.5.2 及び 6.5.3 に記載されている．

――――――――――――――――――――――――――― JIS Q 17025:2018 ―

6.5.2 ラボラトリは，次のいずれかを通じて，測定結果が国際単位系（SI）にトレーサブルであることを確実にしなければならない．

a) 能力のあるラボラトリから提供される校正．

　　注記1 この規格の要求事項を満たすラボラトリは，能力があるとみなされる．

b) 能力のある生産者から提供された，表明されたSIへの計量トレーサビリティを伴った認証標準物質の認証値．

　　注記2 **JIS Q 17034** の要求事項を満たす標準物質生産者は，能力があるとみなされる．

c) 直接的に又は間接的に，国家標準又は国際標準との比較によって確認がなされたSI単位の直接的実現．

　　注記3 幾つかの重要な単位の定義の現実的な実現方法の詳細は，SI文書に記載されている．

【**JIS Q 17025:2005 からの主な変更点**】

○計量トレーサビリティについて，2005年版では校正及び試験のそれぞれについて個別の要求事項が設置されていたが，2018年版では共通要求事項として設定されている．

【解　説】

　2018年版では，試験，校正の別を問わず，測定結果のSI単位へのトレーサビリティを（技術的に可能な場合は）確実にすることが要求されている．要求としては，まず6.4.6で測定結果の有効性に影響する重要設備について校正が求められており，その校正は計量トレーサビリティを確実にするために適切に実施されなければならないことが6.4.7で求められている．すなわち，計量トレーサビリティに関する本要求事項は重要設備にだけ適用されるものであり，その内容は2005年版の要求と同様である．

　ラボラトリによるSI単位への計量トレーサビリティは，①適切な能力を有する校正機関（例えば本規格の認定校正機関）による重要設備の校正，②SIトレーサブルな認証標準物質を参照標準とした試験・校正，又は③SI文書の付録2に記載された，"現示の方法（mises en pratique）"に適合するSI単位の直接的現示，により実現される．

　③"現示の方法"とは，CIPM（国際度量衡委員会）が決議を基に発行する文書（CIPM勧告）において承認された，いくつかの単位の実用的な実現方法である．これらの実用的な実現方法を用い，一次測定標準（最上位の参照標準）をつくることができる．これらの例として，長さの単位メートルの実用的な実現となるレーザ周波数及びレーザ波長の勧告値，熱力学温度の単位ケルビン（K）の実用的な実現（2016年時点では水の三重点を基にした定義，1990年国際温度目盛及び2000年暫定低温度目盛）及び電圧の表現としてのジョセフソン定数が挙げられる．なお，SI単位の一次実現を行う国家計量標準機関等は，これらCIPMによって承認された"現示の方法"に基づいて単位を実現する装置をもち，一次測定標準としている．

───── JIS Q 17025:2018 ─
6.5.3 SI単位に対する計量トレーサビリティが技術的に不可能である場合，ラボラトリは，例えば，次のような適切な計量参照への計量トレーサビリティを実証しなければならない．

a) 能力のある生産者から提供された認証標準物質の認証値.
b) 明確に記述され,意図した用途に合致した測定結果を提供するものとして受け入れられており,適切な比較によって確認がなされた参照測定手順,規定された方法又は合意標準の結果.

【解　説】
　本要求事項では,6.5.2 で要求される SI トレーサビリティが技術的に不可能な場合における"適切な計量参照"の選択肢を記載している.すなわち,①能力のある標準物質生産者(例えば,JIS Q 17034 で認定された標準物質生産者)が生産する(非 SI トレーサブルの)認証標準物質を参照標準として行う試験・校正,又は②適切であると受け入れられている測定方法,が"適切な計量参照"の例である.②に関しては,様々な試験分野で"標準測定手順"("標準測定方法","標準計測法"などとも呼ばれる)が規格化され利用されている.臨床試験分野においては,適切な計量トレーサビリティの確立による国際整合性の確保を目的としていくつかの"基準測定法"が作成されており［例えば,国際臨床化学連合(IFCC)が開発したヘモグロビン類の測定方法］,分析化学的に適切な測定方法として受け入れられている.

　特に化学試験分野では適切な認証標準物質が入手できず,本要求事項に例示されているような手段により計量トレーサビリティを確保できないケースが多い.そのような場合には,用いる参照標準及び測定方法について可能な限りの検証を実施し,トレーサビリティ源としての適切性を説明できるようにしておく必要がある.

――― JIS Q 17025:2018 ―

6.6　外部から提供される製品及びサービス

6.6.1　ラボラトリは,ラボラトリ活動に影響を及ぼす,外部から提供される製品及びサービスが次の事項に該当する場合には,適切なものだけが使用されることを確実にしなければならない.

a) 製品及びサービスがラボラトリ自体の活動に組み込まれることを意図したものである場合.
b) 製品及びサービスの一部又は全てが,外部提供者から受領したままの状態でラボラトリから顧客に直接提供される場合.
c) 製品及びサービスが,ラボラトリの業務を支援するために使用される場合.

注記　製品には,例えば,測定標準並びに設備,補助設備,消耗品及び標準物質が含まれ得る.サービスには,例えば,校正サービス,サンプリングサービス,試験サービス,施設及び設備保守サービス,技能試験サービス並びに評価及び監査サービスが含まれ得る.

【解　説】

2018年版で新規に制定された要求事項であり,JIS Q 9001:2015の8.4（外部から提供されるプロセス,製品及びサービスの管理）の8.4.1（一般）から引用されている.2018年版における"外部から提供される製品及びサービス"は,2005年版における"試験・校正の下請負契約"(4.5)及び"サービス及び供給品の購買"(4.6)の双方を含む概念である.どのような形態であるかを問わず,外部組織から提供される形態の製品・サービスには全て本要求事項が適用される.従来のいわゆる"下請負業務"は,2005年版においてはラボラトリが自身の実施工程の一部又は全部を能力のある機関に外部委託（アウトソーシング）するという扱いであったが,2018年版では工程を外部機関からサービスとして提供してもらう,という解釈をしている.

注記にあるように,外部組織からの製品・サービスの提供には様々な形態があり得る.a)からc)に相当する例として,a)には重要設備（参照標準等）の購入又は自身の試験・校正工程の外部からの提供,b)にはサンプリング・試験・校正報告書又は試験・校正用サンプルが外部提供者から直接顧客へ転送されるケース,c)には消耗品類が当てはまるであろう.それぞれの形態に適

切な管理手順を適用する必要がある．

JIS Q 17025:2018

6.6.2 ラボラトリは，次の事項に関する手順をもち記録を保持しなければならない．
a) 外部から提供される製品及びサービスに関するラボラトリの要求事項を，明確にし，レビューし，承認する．
b) 外部提供者の評価，選定，パフォーマンスの監視及び再評価に関する基準を明確にする．
c) 外部から提供される製品及びサービスが，使用される前又は顧客に直接提供される前に，ラボラトリの設定した要求事項，又は適用可能な場合，この規格の関連する要求事項への適合を確実にする．
d) 外部提供者の評価，パフォーマンスの監視及び再評価から生じた処置をとる．

【解　説】

　外部から提供される製品サービスの提供者，及び提供される製品・サービスの管理に関する要求事項が含まれている．ラボラトリには，まずプロセスインプットとして要求事項を明確化し，それに対し適切にレビューし承認することが要求される．外部提供者の初期評価及び選定並びに継続的な再評価，提供された製品・サービスの受入れ時評価については，2005年版の要求事項をほぼ踏襲している（"供給者リスト"の作成は，要求事項から削除されている）．
　b）について，外部提供者の選定基準として，対象の製品・サービスに関する認証，又はラボラトリ活動に関する認定を利用する場合がある．

JIS Q 17025:2018

6.6.3 ラボラトリは，次の事項に関して，外部提供者に要求事項を伝達しなければならない．
a) 提供される製品及びサービス．

b) 受入基準．
c) 必要とされる要員資格を含む，力量．
d) ラボラトリ又はその顧客が外部提供者先での実施を意図している活動．

【解　説】
　本要求事項は，JIS Q 9001:2015 の 8.4.3（外部提供者に対する情報）からの引用である．提供製品・サービスの内容を依頼者であるラボラトリのニーズに合致させるため，必要な場合にはこれらの情報を外部提供者に事前に伝達しておくことを要求している．提供される予定の製品・サービス及び外部提供者の管理の程度に応じて，外部提供者に伝えるべき必要な情報について検討する必要がある．
　例えば，消耗品をカタログから購入する場合にはその名称，商品番号，数量，希望納期等を伝達するだけでよいだろうが，大量発注のような場合は製品の受入検査における受入基準［b)］を伝える必要があろう．設備の外部校正サービスを利用する場合には，適切な（計量トレーサビリティの証拠となる）校正証明書を発行してもらうよう要求する必要があろう．下請負業務については，それを遂行する外部提供者要員の力量に関する要求事項［c)］を伝える必要があろう．d) の例としては，ラボラトリ要員又は顧客が外部提供者先で実施される下請負業務の遂行状況を現場確認するようなケースがある．いずれにしても，提供製品・サービスの受入れ拒否というような事態を避けるためにも，該当する場合には事前に外部提供者に伝達しておく必要がある．
　b) について，特定の制度により認証又は認定されたこと（例えば，MRA マーク付きの証書を取得）を受入基準とする場合もある．

7 プロセスに関する要求事項

JIS Q 17025:2018

7 プロセスに関する要求事項

7.1 依頼,見積仕様書及び契約のレビュー

7.1.1 ラボラトリは,依頼,見積仕様書及び契約のレビューに関する手順をもたなければならない.この手順は,次の事項を確実にしなければならない.

a) 要求事項が十分に明確化され,文書化され,理解されている.

b) ラボラトリが,要求事項を満たすための業務能力及び資源を備えている.

c) 外部提供者を利用する場合は,**6.6** の要求事項が適用され,ラボラトリが顧客に対して,外部提供者によって実施される特定のラボラトリ活動に関して通知し,顧客の承認を得る.

　　注記1　外部から提供されるラボラトリ活動は,次の場合に起こり得ることが認識されている.

　　　　— ラボラトリが,そのラボラトリ活動を実施する資源及び能力をもっているが,予期しなかった理由によって,その一部又は全てを実行できない場合.

　　　　— ラボラトリが,そのラボラトリ活動を実施する資源又は能力をもっていない場合.

d) 適切な方法又は手順が選択され,顧客の要求事項を満たすことができる.

　　注記2　内部の顧客又は定期の顧客に対しては,依頼,見積仕様書及び契約のレビューは簡素化された方法で実施することができる.

7.1.2 ラボラトリは,顧客の依頼した方法が不適切又は旧式であると考えられる場合,顧客にその旨を通知しなければならない.

【解　説】

2005年版の要求事項をほぼ踏襲している．

　ラボラトリ活動の依頼，見積り及び契約のレビューに関する本要求事項（顧客の要求事項を十分理解すること，顧客の要求事項を満足するために必要な能力及び資源を備えていることを受注時に確認すること，顧客の要求が不適切である場合の顧客への通知など）は，2005年版の内容をほぼ踏襲するものである．顧客のニーズに合致したアウトプット（試験・校正結果）を提供するためにそのニーズをしっかりと吸い上げ，それが（技術面，価格・納期の面で）実現可能かをきちんと確認することが必要である．

　7.1.1 c）について：6.6でも述べたように，2005年版にあった"業務の下請負"は，製品・サービスとともに"外部より提供される製品及びサービス"として統合された．外部委託業務に対しても，ラボラトリが設定した要求事項，及び本規格の関連する要求事項への適合を確実にしなければならない．

　注記1にあるように，ラボラトリ活動の一部又は全部が外部委託されるケースとして，①通常はラボラトリが実施しているが何らかの理由により一時的に外部委託する，②ラボラトリに実施能力がなく定常的に外部委託する，の2通りが考えられる．WG 44では，②のケースでは委託元であるラボラトリは委託業務結果に対して技術的に責任を負うことができない（実施能力がなければ結果を適切に評価する能力はないと考えるべき）と考え，それゆえその工程は（ラボラトリ自身が本規格への適合を主張する）"ラボラトリ活動範囲"から除外することとしている（5.3）が，その場合は適切な実施能力を有する外部機関に委託することで顧客要求を満足することができる．適切な外部機関としては，本規格で認定されたラボラトリのほか，ラボラトリが本規格への適合性を確認した機関が考えられる．いずれにしても，契約段階でその詳細な情報を顧客に伝え承認を得る必要がある．

　7.1.2について：ラボラトリはその用途に対し適切な試験・校正方法を採用する必要があり，顧客が指定した試験・校正方法が不適切又は旧式である場合は，その旨を顧客に通知しなければならない．顧客によっては不適切（用途に

7 プロセスに関する要求事項　　　　77

合致していない）という認識がなく依頼するケースもあり，ラボラトリがそれを認識するのであれば，通知するだけでなく適切な方法を提案することも必要であろう．試験方法が旧式の場合とは，顧客が指定した方法（試験・校正の規格類など）が改廃された場合を想定している．

―――――――――――――――― JIS Q 17025：2018 ―

7.1.3 顧客が，試験又は校正に関して，仕様又は規格への適合性の表明（例えば，合格／不合格，許容の範囲内／範囲外）を要請する場合は，その仕様又は規格及び判定ルールを明確にしなければならない．要請された仕様又は規格に当該取決めが内在する場合を除き，選択した判定ルールを顧客に伝達し合意を得なければならない．

　　注記　適合性の表明に関する更なる手引について，**ISO/IEC Guide 98-4** を参照．

【解　説】

いわゆる"適合性表明"に関して，2018 年版で新たに設置された要求事項である．

適合性表明には様々な形態がある．適合が表明される何らかの基準（JIS 等による規格基準，環境基準，食品中残留基準，顧客が指定する管理基準等）に対して試験・校正結果が適合しているか否かを評価する際に，測定不確かさを考慮するのか否か，もし考慮するのであればどのような形で考慮するのかについての判定ルール（3.7）に関して，顧客と契約段階で合意することが要求されている．ラボラトリは測定不確かさについての知識があり，報告する試験・校正結果がどの程度のばらつきをもっているのかについて理解している．一方，顧客は測定不確かさに関する認識が十分でない場合があり，測定不確かさを考慮せず測定値だけで表明してもらいたい（余計な要因を入れないでほしい）と考える可能性もあるだろう．また，該当する規格が測定値だけで適合又は不適合を評価するよう求めている場合もある．測定不確かさを適切に考慮しないことにより，ラボラトリと顧客（ひいては結果を利用するエンドユーザー）の双

方が誤判定のリスク（不適合の試験・校正品目を適合と判断するケース，及びその逆のケース）を負うことについては認識すべきである．ラボラトリは合理的な適合性表明を行うために，適切な判定ルールを設定する必要がある．またその判定ルールについて契約段階で顧客と合意することで，顧客の意図に合致した適合性表明を行わなければならない．

JIS Q 17025:2018

7.1.4 依頼又は見積仕様書と契約との間での何らかの相違は，ラボラトリ活動が開始される前に解決しなければならない．個々の契約は，ラボラトリ及び顧客の双方にとって受入れ可能でなければならない．顧客から要請された逸脱が，ラボラトリの誠実さ（integrity）又は結果の妥当性に影響を及ぼしてはならない．

7.1.5 契約からのいかなる逸脱をも，顧客に知らせなければならない．

7.1.6 業務開始後に契約が変更される場合は，契約のレビューを繰り返さなければならない．また，全ての変更を，影響を受ける全ての要員に伝達しなければならない．

【解　説】

契約内容の顧客との合意，契約内容変更時の顧客及び全関係要員への通知に関する本要求事項は，2005年版の該当する要求事項を踏襲している．

契約を取り交わす直前の段階で，契約内容が顧客の要求事項を満足しているか，また用途に対して適切であるかについて，十分にレビューしなければならない．想定として，顧客が不適切な方法での試験・校正の実施を，（適切な用途からの）逸脱を認識しながらも依頼するケースがあるかもしれない．そのような場合は，ラボラトリの"誠実さ（integrity）"又は試験・校正結果の妥当性に影響しないことを確実にしなければならない．すなわち，その方法によっては結果の品質が保証できない，又は全てのデータに責任をもって"誠実に"結果を報告することができない懸念がある場合には，依頼を受け付けないことも必要である．それらを含め，顧客とラボラトリ双方が契約内容について事前

に合意することが必要である.

契約内容が一旦合意され，試験・校正が開始された後も，顧客と様々な折衝を行っていく中で顧客ニーズが変更する可能性がある．その場合は，あらためてレビューを繰り返し，その変更内容を関連する全要員に伝達することで，顧客のニーズに合致した試験・校正の遂行を確実にしなければならない．

JIS Q 17025：2018

7.1.7 ラボラトリは，顧客の依頼の明確化，及び実施される業務に関連したラボラトリのパフォーマンスの監視に関して，顧客又は顧客の代理人と協力しなければならない．

注記　このような協力には，次の事項が含まれ得る．

a) 顧客固有のラボラトリ活動に立ち会うために，ラボラトリの関連する区域に正当に立ち入れるようにする．

b) 検証の目的で顧客が必要とする品目の，準備，こん（梱）包及び発送．

7.1.8 重要な変更を含め，レビューの記録を保持しなければならない．顧客の要求事項，又はラボラトリ活動の結果に関して顧客と交わした，関連する議論の記録も保持しなければならない．

【解　説】

7.1.7の要求事項は，2005年版では"顧客へのサービス"（4.7）の細分箇条であった．2018年版では，ラボラトリのパフォーマンス監視は顧客依頼の一部でありそれを満足するためのアクションであるとの認識から，本細分箇条に移設されている．顧客への協力の前提として2005年版に記載されていた"自身が他の顧客に対する機密保持を確実にする条件で"については，4.2.1でカバーされている．

7.1.7について：顧客（又はその代理人）の試験・校正室への立入り（顧客の要望に基づく現場確認や立会試験等）については，他顧客にかかる情報が立入り者に把握されないような配慮が必要である．例えば，他顧客の試験・校正

依頼品目，顧客情報を含む記録類を目の付くところに置かない，情報が見えないよう覆いをかける，立入り時にはラボラトリ要員が同行し立入り者が盗み見などをしないよう監視する，といった配慮が必要である．

7.1.8 について：試験・校正の受託契約にかかる記録は，後に契約違いなど顧客とのトラブルが発生した際の重要なエビデンスとなる．契約の過程でやりとりした FAX，E メールの文面は必ず保管しておくほか，口頭（対面，電話）でのやりとりについてはその日付，相手方の対応者氏名，やりとりの内容を詳細に記録しておくことが適切な契約のレビューを実施するための情報になるだけでなく，後に発生するかもしれないトラブルに対してラボラトリが十分に説明できるための重要な根拠となる．

―― JIS Q 17025:2018 ――

7.2 方法の選定，検証及び妥当性確認
7.2.1 方法の選定及び検証

7.2.1.1 ラボラトリは，全てのラボラトリ活動に関して適切な方法及び手順を用いなければならず，また，適切な場合，測定不確かさの評価及びデータ分析のための統計的手法に関しても同様である．

　　注記　この規格で使用される"方法"は，**ISO/IEC Guide 99** において定義される"測定手順"と同義と考えられる．

7.2.1.2 全ての方法，手順，並びにラボラトリ活動に関連する指示書，規格，マニュアル及び参照データなどの支援文書は，最新の状態で維持し，要員がいつでも利用できるようにしなければならない（**8.3** 参照）．

7.2.1.3 ラボラトリは，有効な最新版の方法を用いることが不適切又は不可能でない限り，それを確実にしなければならない．必要な場合には，矛盾のない適用を確実にするため，詳細事項の追加によって方法の適用を補足しなければならない．

　　注記　ラボラトリ活動の実施方法について，国際規格，地域規格若しくは国家規格又は十分で簡潔な情報を含むその他の広く認め

7 プロセスに関する要求事項　　　　　　　81

> られている仕様書が，そのままラボラトリの実施要員が使用できるように書かれている場合には，内部手順書として補足したり，書き直したりする必要はない．その方法の中での操作の選択又は詳細な補足のために，追加の文書を用意する必要があり得る．
>
> **7.2.1.4** 顧客が，使用する方法を指定しない場合，ラボラトリは適切な方法を選定し，選定した方法を顧客に通知しなければならない．国際規格，地域規格若しくは国家規格のいずれかにおいて公表された方法，定評ある技術機関が公表した方法，関連する科学文献若しくは定期刊行物において公表された方法，又は設備の製造業者が指定する方法が推奨される．ラボラトリが開発又は修正した方法も用いることができる．

【**JIS Q 17025：2005 からの主な変更点**】
○2005年版では要求事項であった国際規格，地域規格，国家規格の優先的使用（5.4.2）が，2018年版では推奨事項へと格下げとなった．

【**解　説**】
　7.2.1.1 から 7.2.1.3 の要求事項は，2005年版の 5.4.1 を3分割した形で設置されており，内容としては2005年版の要求事項がほぼ踏襲されている．

　7.2.1.1 について：ラボラトリが実施するラボラトリ活動に付随する工程（サンプリング，試料前処理，機器測定，校正）に加え，測定不確かさの評価，試験・校正データや内部品質保証活動データの評価にかかる適切な方法及び手順の適用を要求している．"適切な方法" の具体的な内容は，これ以降の細分箇条に規定されている．

　7.2.1.2 について：ラボラトリ活動の実施のために用いる作業標準及び補足文書類の最新版を，利用したい場面ですぐに利用できる状態にしておくことを要求している．具体的には 8.3 の文書管理手順に基づき実施されることになる．特に，同一の文書が複数配付されるような場合（例えば，複数の測定室に配置

する，顧客先や屋外などでの測定に携行する場合），必要な全ての場所で最新版が利用されることを確実にするための手順が必要である．

7.2.1.3 について：公的に入手できる"方法"については，最新版を用いることが要求されている．2005年版では"規格"としていたが，いわゆる規格（国際規格，地域規格，国家規格）以外にも公開されている方法（工業会の作成する方法書，技術論文等）を含める意味で"方法"という表現に変更されている．ラボラトリが適用する方法，手順の根拠となるそれら方法文書については，それが不適切又は不可能でない限り，その時点での有効な最新版を用いなければならない．規格類（ISO 規格，JIS など）は定期的に見直されるが，公示，発効のタイミングを考えると不定期な面もある．ラボラトリは，適切な外部文書管理により時機を逸せず改正版を入手し，必要な場合には，適用のために必要な教育訓練及び検証を実施する必要がある．なお，官報は国立印刷局などのウェブサイトで閲覧が可能であり，またラボラトリと発行元との契約により，該当する規格の最新版の発行に伴い自動的な入手・購入が可能な場合もある．

公に入手できる規格類や方法書だけでラボラトリ活動を実施できると判断した場合は，作業手順書を別個に作成する必要はない．しかしながら，規格類には詳細な手順（具体的な試料・試薬類の量，測定条件等）が記載されていないものも多い．また，測定工程における自社管理基準を設定し管理する場合にはその基準及び逸脱時の対応が手順書に記載されるべきであるし，トラブルシューティングの手順が豊富に盛り込まれている手順書は有益である．いずれにしても，全ての測定者が同様の測定作業をミスなく実行できるための作業手順書をもつことが必要である．

7.2.1.4 について：試験・校正はその目的やニーズに合致した方法により実施される必要があるが，それを依頼する顧客が適切な方法を認識していない場合を含め，具体的な方法を指定してこない場合がある．契約の段階で顧客のニーズを把握した上で，ラボラトリが適切な方法を選択し，実施前に顧客に通知し合意を得る必要がある．

2005年版では，国際／地域／国家規格の優先的使用，及び（顧客が方法を

7 プロセスに関する要求事項

指定しない場合において）7.2.1.4 で推奨されるいわゆる "公に入手できる" 方法の優先的選定が要求事項とされていた．しかしながら，校正のように公知の方法が少ない分野があること，また顧客のニーズに合致した方法を優先すべきであることから，2018 年版では推奨事項に変更されている．ラボラトリが開発，改変した方法を適用する場合には，適切な妥当性確認がなされていることが前提となる（7.2.2 参照）．

JIS Q 17025：2018

7.2.1.5 ラボラトリは，必要なパフォーマンスを達成できることを確実にすることによって，選定した方法を導入する前にその方法を適切に実施できることを検証しなければならない．検証の記録を保持しなければならない．その方法がそれを発行する機関によって改訂される場合，ラボラトリは，必要な程度まで検証を繰り返さなければならない．

【解　説】

"検証（verification）" とは，"与えられたアイテムが規定された要求事項を満たしているという客観的証拠の提示" と定義される（3.8）．ここで "アイテム" とは "測定方法・手順" を指し（ISO/IEC Guide 99，2.44 注記 2），"規定された要求事項" とは "顧客が意図する結果を生み出すこと"（＝顧客の要求）と解釈できる．すなわち，ここでいう "検証" とは，測定規格など公表された方法を新規導入する際にラボラトリがそれにより適切な結果を得ることができるかどうかを立証することである．

要求事項の内容は，2005 年版をほぼ踏襲している．ラボラトリが実施する検証の例として，例えば値が既知の試験・校正品目（認証標準物質など）を測定して既知値と測定値を比較する，測定対象成分を試験品目に添加し測定を行い添加量と測定量を比較する（添加回収試験），規格や顧客が要求する測定不確かさレベルを満足するかどうかについてバジェット表を作成し評価する，技能試験・試験所間比較に参加する，といった方法が挙げられる．使用している公表された方法が改訂により変更された場合には，それに応じたラボラトリの

測定手順の変更,及び必要な程度での検証の繰返しが必要になるが,試験・校正データの採取以外に,既取得データの再計算や文書・記録のレビューにより実施される場合もある.なお,検証はあらかじめ権限付与された要員が実施しなければならない[6.2.6 a)].

JIS Q 17025:2018

7.2.1.6 方法の開発が必要な場合,これは計画的な活動でなければならず,十分な資質を備えた,力量をもつ要員に割り当てなければならない.方法の開発の進行につれて,顧客のニーズが依然として満たされていることを確認するため,定期的な見直しを行わなければならない.開発計画の変更は,承認され,許可されなければならない.

【JIS Q 17025:2005 からの主な変更点】
○2005 年版では推奨事項であった"顧客ニーズを満たしていることを検証するための定期的なレビュー"及び"開発計画の修正を要する要求事項の変更に対する承認及び権限付与"(5.4.5.3 注記 2)が,要求事項へと変更された.

【解 説】
ラボラトリが方法の開発(2005 年版では"規格外の方法,ラボラトリが設計・開発した方法,意図された適用範囲外で使用する規格に規定された方法,並びに規格に規定された方法の拡張及び変更"と例示されていた)を行う場合の計画に基づく実施,実施要員の力量,開発の定期的なレビュー,計画修正を要する(顧客又は利害関係者からの,あるいはラボラトリ自身の)要求事項の変更に対する承認及び権限付与に関する要求事項である.要求内容は 2005 年版の 5.4.3 をほぼ踏襲し,かつ 5.4.5.3 注記 2 にあった推奨事項を要求事項に変更し含めている.

方法の開発においては,顧客等のニーズ(インプット)から適切な方法の構築(アウトプット)を得るためにどのようなプロセスを経ればよいのか(誰がどのように実施,確認するのか)を計画し実行することは重要である.また開

発プロセスにおいてニーズの実現にしっかりと向かっているか（道を外していないか）を定期的にチェックしながら進めることで，開発結果が無効になることを防げる．開発計画の修正はしかるべき要員によって評価，承認され，関係要員全てに伝達される必要がある．

---- JIS Q 17025:2018 ----

7.2.1.7 全てのラボラトリ活動に関する方法からの逸脱は，その逸脱があらかじめ文書化され，技術的に正しいと証明され，正式に許可され，かつ，顧客によって受け入れられている場合に限らなければならない．

　　注記　逸脱に対する顧客の受入れは，契約書において事前に合意されていることもあり得る．

【解　説】

ラボラトリは定められた方法，手順に従ってラボラトリ活動を実施しなければならないが，やむを得ない理由もしくは顧客の要望により，その方法からの逸脱を容認しラボラトリ活動を断行せざるを得ないケースがあるかもしれない．その場合には，まず逸脱の状況，程度を詳細に記録すること，及びその記録を基に逸脱による試験・校正結果への影響の程度を評価し，信頼性の高い結果として報告できるのかを適切な要員が判断しなければならない．また可能であれば，顧客がその試験・校正結果を有効に利用できるのか（試験・校正の目的に合致するのか）について，顧客に助言するべきである．特に逸脱の状況を顧客が認識しない場合，又は顧客が試験・校正結果の有効性への逸脱の影響を理解していないような場合には，しっかりと顧客に説明し，契約の続行について合意を得なければならない．

---- JIS Q 17025:2018 ----

7.2.2　方法の妥当性確認

7.2.2.1　ラボラトリは，規格外の方法，ラボラトリが開発した方法，及び規格に規定された方法であって意図された適用範囲外で使用するもの

又はその他の変更がなされたものについて，妥当性確認を行わなければならない．妥当性確認は，特定の適用対象又は適用分野のニーズを満たすために必要な程度まで幅広く行わなければならない．

注記 1 妥当性確認には，試験又は校正品目のサンプリング，取扱い及び輸送の手順が含まれ得る．

注記 2 方法の妥当性確認に用いる手法は，次の事項のうちの一つ又はそれらの組合せであり得る．

- **a)** 参照標準又は標準物質を用いた，校正又は偏り及び精度の評価．
- **b)** 結果に影響する要因の系統的な評価．
- **c)** 培養器の温度，分注量などの管理されたパラメータの変化を通じた，方法の頑健性の試験．
- **d)** 妥当性が確認された他の方法で得られた結果との比較．
- **e)** 試験所間比較．
- **f)** 方法の原理の理解及びサンプリング又は試験方法のパフォーマンスの実際の経験に基づいた，結果の測定不確かさの評価．

【解　説】

本規格における"妥当性確認"とは，ラボラトリが自身の開発又は修正した方法を用いて，もしくは公表された方法をその適用範囲外で使用する場合に，適切な結果を得ることができるかどうかを立証することである（3.9）．

妥当性確認に関する本要求事項は，2005 年版の 5.4.5.2 をほぼ踏襲している．妥当性確認の手法としては，注記 2 に例示がなされている．なお c) は 2018 年版で新たに追加された項目である．妥当性確認の具体的な手順及び結果を記録しなければならない．参照標準や標準物質を用いた評価，又は他方法との比較試験を実施する場合には，両値の比較の方法（偏差，比率，統計的変換）及び意図する用途に対し，それらの適切な評価基準を明確にしておく必要がある．

> **JIS Q 17025:2018**
>
> **7.2.2.2** 妥当性が確認された方法を変更する場合は，そのような変更の影響を確定しなければならず，それらが元の妥当性確認に影響を与えることが判明した場合，新たに方法の妥当性確認を行わなければならない．
>
> **7.2.2.3** 妥当性が確認された方法のパフォーマンス特性は，意図する用途に対する評価において顧客のニーズに適し，規定された要求事項に整合していなければならない．
>
> 　　注記　パフォーマンス特性の例には，測定範囲，精確さ，結果の測定不確かさ，検出限界，定量限界，方法の選択性，直線性，繰返し性又は再現性，外部影響に対する頑健性，又は試料若しくは試験対象のマトリックスからの干渉に対する共相関感度，及び偏りが含まれ得るが，これらに限定されない．

【JIS Q 17025:2005 からの主な変更点】

○7.2.2.2 の内容は 2005 年版では推奨事項であったが（5.4.5.2 注記 3），2018 年版では要求事項へと変更された．

【解　説】

　7.2.2.2 について：妥当性確認が完了している方法を変更する場合には，まずその変更による影響を特定し，それが結果にどの程度影響するのかを評価し，その結果を記録しておかなければならない．また，その変更が結果に大きく影響すると考えられる場合には，改めてその変更にかかる妥当性確認を 7.2.2.1 に従って実施する必要がある．

　7.2.2.3 について：2005 年版の 5.4.5.3 の要求事項を踏襲している．妥当性確認が完了した方法で得られるパフォーマンス特性（試験・校正結果，定性的な結果を含む）について，その測定の意図する用途，顧客のニーズに対し適切であるかを改めて評価することが要求されている．方法の堅ろう性（安定性）の確認のため，また妥当性確認時に用いたものとは異なるプロパティの品目を試験・校正するような場合（例えば，数種の代表農産物品目を用いて妥当性確

認を実施した試験方法を農産物全般に適用する場合など）には，継続的な結果の監視が求められるケースがある．また，実際に新規方法による複数測定値の分布（測定値の平均値及びばらつき）を評価することで，目的・ニーズに合致した測定を実現していることが確認できる．

JIS Q 17025:2018

7.2.2.4 ラボラトリは，次の妥当性確認の記録を保持しなければならない．
a) 使用した妥当性確認の手順．
b) 要求事項の詳述．
c) 方法のパフォーマンス特性の確定．
d) 得られた結果．
e) 意図した用途に対する方法の適切性を詳述した，方法の妥当性に関する表明．

【解　説】

2005年版では，"妥当性確認とは，意図する特定の用途に対して個々の要求事項が満たされていることを調査によって確認し，客観的な証拠を用意することである．"（5.4.5.1）とされていたが，その"客観的な証拠"の具体的内容として設定された要求事項である．2005年版の5.4.5.2で求められていた"得られた結果，妥当性確認に用いた手順及びその方法が意図する用途に適するか否かの表明の記録"を2018年版ではより詳細に記述した内容になっている．

例として，農産物中農薬Aの残留試験方法を当てはめると，
　a) A不検出の試験品目3種（にんじん，りんご，アボカド）を用いた添加回収試験による．
　b) 法令で定めるAの残留基準値（$0.1\,\mu g/g$）に対する残留量の判定が的確に実施できること．
　c) 定量下限値が残留基準値（$0.1\,\mu g/g$）の10分の1（$0.01\,\mu g/g$）以下であること．
　d) ①機器測定におけるA標準液を用いての感度評価の結果，各成分の定

7 プロセスに関する要求事項　　　　　　　　89

　　量下限値（濃度換算値）は 0.005 μg/g であった．

　　②にんじん，りんご及びアボカドを用いた A の添加回収試験の結果（回収率）は，それぞれ 97％，86％及び 32％であった．

e) ①及び②に基づくにんじん，りんご及びアボカドの定量下限値は，それぞれ 0.005 μg/g，0.006 μg/g 及び 0.015 μg/g であった．したがって，本試験方法は，にんじん及びりんごには妥当な方法であるが，アボカドには必要な定量下限値が確保できず妥当ではない．

というようなフロー例が想定され，それぞれに詳細な試験条件，試験結果及び機器測定データが付随するであろう．ラボラトリが最終的に妥当性の判断を的確に実施するために必要な記録を保持する必要がある．

JIS Q 17025：2018

7.3　サンプリング

7.3.1　ラボラトリは，後の試験又は校正のための物質，材料又は製品のサンプリングを実施する場合，サンプリングの計画及び方法をもたなければならない．サンプリング方法は，後の試験又は校正結果の妥当性を確実にするために管理すべき要因を考慮しなければならない．サンプリングの計画及び方法は，サンプリングが行われる場所で利用できなければならない．サンプリング計画は，合理的である限り，適切な統計的方法に基づかなければならない．

【解　説】

2005 年版の 5.7.1 を踏襲する要求事項である．適切なサンプリング方法の構築，及びそれに基づく個々のサンプリング案件に対するサンプリング計画をもつことを要求している．

サンプリングの目的は多種多様である．環境中有害物質のモニタリング調査にかかるサンプリング，生産工程管理のための抜取り，ロットの均質性評価のためのサンプリングなどが挙げられるが，いずれにしてもサンプリングは引き続く試験・校正結果の品質及びその結果を基にした判断（ロット全体の評価，

適合性表明）を大きく左右する極めて重要な工程であり，サンプル母集団の代表性を確保するための要因を漏れなく十分に考慮したサンプリング方法を構築し管理する必要がある．そのためには，サンプル及び試験対象成分・パラメータの性質，特に測定対象の不均一性を的確に把握することが重要である．

　ある製品の製造ロットからのサンプリングにおいては，製造工程の特徴（製造装置の癖など）により不均一さの傾向や程度があらかじめ想定，把握できていれば，サンプリング方法の構築における有用な情報となる．環境汚染物質の測定を目的とした環境水のサンプリングにおいては，サンプル中対象成分の存在形態及び挙動に関する情報は非常に有益である．対象物質が懸濁成分に吸着する性質をもつ場合，懸濁成分の不均一性（採取時の底泥の巻き上がり，悪天候による水の濁り）がサンプリングに大きく影響することが把握でき，重点的に管理することができる．

　サンプリングポイントやサンプリング数については，統計的な根拠を基に設定する必要がある．特に母集団の傾向が十分に把握できていない場合は，関連する規格，論文等を参考にして十分な程度のサンプリングを実施する必要がある．しかし，ロット中の安定性が過去の評価データ解析からある程度把握できるのであれば，簡便なサンプリング方法が適用できるだろう．また，顧客の要望や引き続く試験・校正の目的に合わせて簡易サンプリングを選択することもある．用途やニーズに対して適切な程度のサンプリング計画を立てればよい．

JIS Q 17025:2018

7.3.2 サンプリング方法は，次の事項を記述しなければならない．

a) サンプル又はサンプリング場所の選択

b) サンプリング計画

c) 後の試験又は校正のために必要な品目を得るための，物質，材料又は製品からのサンプルの準備及び処理

　　注記　ラボラトリに受領された際に，**7.4** に規定された更なる取扱いが必要とされる場合がある．

【JIS Q 17025：2005 からの主な変更点】

○ 2005 年版では推奨事項であったが（5.7.1 注記 2），2018 年版では要求事項に変更された．

【解　説】

　ここで要求されているサンプリングにかかる詳細な方法は，後の試験・校正結果の有効性を左右する重要な要素である．試験・校正結果に影響する要因については，サンプリング方法の中でしっかりと考慮する必要がある．試料の代表性を考慮した（均一性を冒す要因の影響が少ない）サンプリング場所・地点の選択，測定対象の特性（対象物質の存在形態，製品製造の特徴等）及び試験・校正の目的を考慮したサンプリング計画の作成，採取された物質，材料，製品からの測定用試料の準備について，具体的な手順をもつことを要求している．

　サンプリングされるロットの識別，サンプリング時の天候，母集団におけるサンプルの採取位置，サンプル量，サンプルの識別，採取時のサンプルの性状など，必要な項目を方法に含める（通常はサンプリング記録様式に記入欄が設けられている）．

　サンプリングされた品目をラボラトリへ持ち込んだ後で更に試験・校正に供するために小分け（縮分法などを用いて）するケースについては，サンプリングと同等の重要性があること，またその手順が試験法に記載されていないケースが多いことから，サンプリングと同等に手順を構築し運用管理をする必要があるという理由で，7.4（試験・校正品目の取扱い）ではなく本細分箇条として設置している．ラボラトリの状況に合わせて，適切な小分けの手順を適用する必要がある．

JIS Q 17025：2018

7.3.3　ラボラトリは，請け負った試験・校正の一部を構成する該当サンプリングデータの記録を保持しなければならない．これらの記録には，該当する場合，次の事項を含めなければならない．

a) 用いたサンプリング手順の参照．
b) サンプリングの日付及び時刻．
c) 試料を特定し記述するためのデータ（例えば，数，量，名称）．
d) サンプリングを実施した要員の識別．
e) 使用された設備の識別．
f) 環境条件又は輸送条件．
g) 適切な場合，サンプリング場所を特定するための図面又はその他の同等な手段．
h) サンプリング方法及びサンプリング計画からの逸脱，追加又は除外．

【JIS Q 17025：2005 からの主な変更点】
○サンプリング記録として，"b) サンプリングの日付及び時刻"，"e) 使用された設備の識別"，"f) 環境条件又は輸送条件"，"h) サンプリング方法及びサンプリング計画からの逸脱，追加又は除外"が追加された．

【解　説】
　サンプリングに関する記録は，別の要員が同様のサンプリングを再現できる程度に十分な記録を残すべきである．そのためには最終地点の住所，緯度経度情報だけでなく，実際に採取を行ったポイントを図面や現場写真で残すことが望ましい．特に環境試料の場合，測定対象物質による集中的な汚染を受けているポイントがあることがあり，例えば敷地内のどの地点で土壌を採取したのか，河川のどの位置で水を採取したのかといった情報は，後の試験・校正結果の解釈のために非常に重要である．使用する設備（サンプラー等）に関する情報は，試験・校正結果の計量トレーサビリティの証拠として必要とされる場合がある．環境・輸送条件（温度，湿度等）がサンプル中の測定対象に影響する場合には，それらに関する記録が必要である．採取当日の天候による採取媒体の性状変化が試験・校正結果に影響する場合は，当日の天候に関する記録も重要であろう．
　7.3.1 でも述べているが，サンプリングは試験・校正結果の有効性に大きく

7 プロセスに関する要求事項　　　　　　　　　93

影響する重要な工程である．得られた結果をサンプリングの適切性までさかのぼって検討する必要性が生じるケースに備え，可能な限りあらゆる情報を記録しておくことが望ましい．この際に文面や数字だけで残すのではなく，サンプリング時の状況がよく把握できるような媒体で保持しておく（例えば，現場の状況や採取者の採取の様子，採取直後の試料の様子，などを撮影しておく）と非常に有用となる場合がある．

―――――――――――――――――― JIS Q 17025：2018 ―

7.4　試験・校正品目の取扱い

7.4.1　ラボラトリは，試験・校正品目の完全性並びにラボラトリ及び顧客の利益を保護するために必要な全ての規定を含め，試験・校正品目の輸送，受領，取扱い，保護，保管，保留及び処分又は返却のための手順をもたなければならない．ラボラトリは，試験又は校正のための取扱い，輸送，保管／待機及び準備の間に品目が劣化，汚染，損失又は損傷を受けることを防止するための予防策をとらなければならない．試験・校正品目に添えられた取扱いの指示に従わなければならない．

【解　説】

2005年版の5.8.1及び5.8.4を踏襲した要求事項である．サンプリングされた試料の試験・校正室への輸送，顧客からの試験・校正品目の搬入（持込み又は輸送），受入検査を含む品目の受領，試験・校正実施までの適切な保管，試験・校正実施後の品目の保管，顧客への返却，処分に関する手順をもつことが要求されている．化学試験用品目については測定対象の安定性を考慮した保管条件（冷蔵，冷凍，遮光等），校正品目については影響し得る温度，湿度，振動等への配慮が必要になる場合がある．

―――――――――――――――――― JIS Q 17025：2018 ―

7.4.2　ラボラトリは，試験・校正品目の明確な識別のためのシステムをもたなければならない．この識別は，当該品目がラボラトリの責任下にあ

> る間，保持されなければならない．識別システムは，品目の物理的な混同又は記録若しくはその他の文書で引用する際の混同が起こらないことを確実にしなければならない．識別システムは，適切ならば品目又は品目のグループの小分け及び品目の移送に対応しなければならない．

【解　説】

2005年版の5.8.2を踏襲した要求事項である．顧客から受領した試験・校正品目を識別するための手順として，顧客情報を記載した記録（受領書，校正指示書等）を品目に添付する，品目固有番号を受付時に個別依頼書に記載しておく，といった手順が考えられる．品目の試験・校正が多段階の工程を経るケースでは，工程ごとに作成される記録（抽出記録，精製記録，機器測定記録，報告書作成記録等）間の混同が起こらないような手順（記録間の適切な関連付け等）をもつ必要がある．

――――――――――――――――――― JIS Q 17025:2018 ―

> **7.4.3** 試験・校正品目を受領した際，規定された状態からの逸脱を記録しなければならない．品目の試験・校正に対する適性に何らかの疑義がある場合，又は品目が添えられた記述に適合しない場合，ラボラトリは，業務を進める前に更なる指示を求めて顧客に相談し，この相談の結果を記録しなければならない．顧客が，規定された状態からの逸脱を認めながらその品目の試験又は校正を要求する場合，ラボラトリは，その逸脱によってどの結果が影響を受けるおそれがあるのかを示した免責条項を報告書に含めなければならない．

【JIS Q 17025:2005 からの主な変更点】

○ "規定逸脱品目の試験・校正を顧客が依頼する場合，免責条項を報告書に記載すること" が要求事項として新規に追加された．

【解 説】

2005年版の5.8.3を踏襲した要求事項である．一般的にラボラトリは，試験・校正品目の受領において適切に試験・校正を実施するための受入基準を基に受入検査を実施しており，依頼品目が基準を逸脱している場合，顧客にその旨を通知し判断を仰ぐ必要がある．校正品目の故障，動作不良，破損，試験品目の汚れ，（採取条件不適切と考えられる）外観異常，試料量不足，予備測定での異常データ等が発見された場合には，試験・校正結果の有効性が失われる可能性がある．その懸念を根拠とともに顧客に説明し，必要であれば品目に関する更なる情報を入手し，どのように対応すべきかについて顧客との間で協議，合意する必要がある．また，協議の結果については詳細に記録しておかなければならない．

協議の結果，それでも顧客が試験・校正を依頼する場合がある．その場合は，ラボラトリが適正に試験・校正を実施したとしても異常な測定値が得られる可能性があり，最終的にその責任がラボラトリに転嫁されるおそれがある．そういった事態を想定し，逸脱品目の試験・校正を断行した経緯に関する記録を残すとともに，試験・校正結果の有効性が失われているおそれがある旨を，"免責条項"として報告書に記載することとされている．

―――― JIS Q 17025:2018 ――――
7.4.4 規定された環境条件下で品目を保管又は調整する必要がある場合は，これらの条件を維持し，監視し，記録しなければならない．

【解 説】

2005年版の5.8.4を踏襲した要求事項である．受領された試験・校正品目に対する保管環境条件（温度，湿度，気圧，振動，清浄度等）が規格等で規定されている場合，もしくは顧客が指定する場合は，試験・校正実施前後で必要な期間その条件での保管を順守するとともに，その証拠として保管環境の記録を残さなければならない．保管中常に条件を監視，記録できる設備（データロガーによるリアルタイムモニタリング）によることが望ましいが，定期観測に

よる場合は保管環境の安定性に応じた適切な観測頻度を設定する必要がある．

　試験規格によっては，品目を調整する環境の温度や湿度，保管期間などに関する規定に加えて，品目の適切な保管，調整のための特性値の確認（例えば，生体試料を浸漬保管する緩衝液のpH値が規定された範囲内であることの継続的確認）が必要な場合もあり得る．

JIS Q 17025:2018

7.5　技術的記録

7.5.1　ラボラトリは，個々のラボラトリ活動の技術的記録には，結果，報告並びに可能であれば測定結果及び付随する測定不確かさに影響を与える要因の特定を容易にし，元の条件にできるだけ近い条件でラボラトリ活動の反復を可能とする十分な情報が含まれることを確実にしなければならない．その技術的記録には，日付並びに個々のラボラトリ活動及びデータ・結果の確認に責任をもつ要員の識別を含めなければならない．観測原本，データ及び計算は，それらが作成される時点において記録され，特定の業務において識別可能でなければならない．

【解　説】

　2005年版の4.13.2.1をほぼ踏襲した要求事項である．2018年版では記録の管理に関する要求事項は8.4に規定されているが，7.5.1では技術的記録にかかる追加的要求事項が盛り込まれている．技術的記録の定義が明確にされておらず，2005年版の"技術的要求事項"という括りもなくなっていることから，記録類のうちどれが技術的記録なのかが明確でないが，"個々のラボラトリ活動の技術的記録"とあることから，ラボラトリ活動の結果に影響を及ぼし得る記録，すなわちサンプリング・試験・校正の処理工程にかかる処理記録（サンプリング記録，試料処理記録，機器測定記録），測定不確かさ評価記録（バジェット表），観測原本，データ及び計算原本（校正観測紙，表計算データシート）といったものが技術的記録に分類されるだろう．これらは全て，同一条件でサンプリング・試験・校正が再現できる程度まで十分な情報を含むことが要

求されている．例えば，処理記録には実施時の環境条件，実施日・時間及び実施者名，使用設備の情報（点検，校正の情報を含む），といった諸情報も必要である（サンプリングについては 7.3.3 を参照）．

2005 年版で技術的記録とされていた"職員の記録"は，2018 年版では本細分箇条から削除されている．また，2005 年版にあった"発行された個々の試験報告書又は校正証明書のコピー"は本細分箇条での記述には含まれていないが，7.8.1.2 で技術的記録として保持することが要求されている．

サンプリング・試験・校正実施者が作成した各記録（観測野帳，測定記録）はラボラトリ活動の有効性を立証するための重要な記録であり，しかるべき要員によって記録内容の適切性がチェックされなければならず，チェック者の識別が記録されなければならない．また，観測記録は観測現場で記録されるべきものであり，事後的に記入されることは現実的ではない．例えば，試験・校正実施時の環境条件が事後的に記入されることは，データロガー等でデータ保存されている場合を除けばあり得ないはずである．観測データが得られる時点で直ちに記録されなければならない．

担当する要員の識別に要員のイニシャル又は姓を使用する場合も考えられるが，同一のイニシャル又は姓をもつ複数の要員が同一部署に所属する可能性をふまえ，識別方法に注意を要することもある．

───────────────────────── **JIS Q 17025：2018**

7.5.2 ラボラトリは，技術的記録の変更について，以前の版又は観測原本に遡って追跡できることを確実にしなければならない．変更の日付，変更点の表示及び変更に責任をもつ要員を含め，元のデータ及び変更されたデータ並びにそれらのファイルの両方を保持しなければならない．

【**JIS Q 17025：2005** からの主な変更点】

○2005 年版の 4.13.2.3 に規定されていた技術的記録の訂正方法に関する具体的な記述（訂正線を施しそばに正しい値を付記，訂正者の署名又はイニシャルを付す）が削除されている．

【解　説】

　技術的記録を何らかの理由により訂正する必要が生じた場合には，誰が，どのような理由により，どの箇所をどのように訂正したのかを含め，オリジナルの記録まで遡って確認できなければならない．記録の維持方法には紙媒体，電子ファイル，音声ファイルなど様々な形式があるが，必要に応じてオリジナルの記録に遡り訂正内容とその背景を確認できるための，それぞれの保持形式に対する適切な管理手順を構築する必要がある．

　技術的記録に含まれる情報のうち，機器識別番号，顧客情報などといった情報の訂正はしばしば発生する．一方で観測データは，7.5.1 でも述べているように観測された時点で記録されるものであり，通常は事後的に訂正され得るものでない．観測データを事後的に訂正する必要がある場合には，その根拠（転記ミスである場合は手書きメモ，データロガーの記録等）を基に訂正の適切性を確実にした上で訂正する必要がある．不適切な訂正（例えば，望ましくない結果を改ざんするために生データを書き換える，など）を防止するために，技術的記録の訂正についてはしかるべき管理要員が監視するべきである．

JIS Q 17025:2018

7.6　測定不確かさの評価

7.6.1　ラボラトリは，測定不確かさへの寄与成分を特定しなければならない．測定不確かさを評価する際，サンプリングから生じるものを含み，重大な全ての寄与成分を，適切な分析方法を用いて考慮しなければならない．

【解　説】

　試験所，校正機関及びサンプリング機関に対する測定不確かさ評価に関する要求事項を記述している．なお，ISO/IEC Guide 98-3:2008 [測定における不確かさの表現のガイド(GUM)][*6] と整合し，2018 年版では"推定(estimation)"を"評価(evaluation)"に置き換えているが，実質的な意味は変わっていない．第 1 文の要求は，全てのラボラトリに適用される．サンプリングのみを実施する（自身で測定不確かさ評価を行わない）機関においても，サンプリング報

告書に"後の試験又は校正の測定不確かさを評価するために必要な情報"を記載することが要求されており［7.8.5 f)］，そのためには総合的な測定不確かさへの寄与成分の特定が必要である．また，測定を伴わない定性試験においても，その試験結果に影響する要因を"不確かさ要因"とみなして特定（し管理する）ことが求められる．

測定工程に関連する不確かさ要因としては，①測定に用いる設備に伴う不確かさ，②参照標準に伴う不確かさ，③測定に伴う不確かさ，の3種に大別される．①及び②としては設備に付随する校正証明書に記載される不確かさ情報や設備の分解能に起因する不確かさ，③としては測定の反復により得られる標準偏差，が主な例として挙げられる．測定不確かさへの寄与成分の特定作業においては，測定結果に影響を及ぼす不確かさ要因の関連図（特性要因図）を魚の骨のように書き下ろす手法（フィッシュボーン・ダイヤグラム）がよく用いられる．

第2文の要求事項は2005年版（5.4.6.3）を踏襲しており，測定不確かさ評価を実施する全てのラボラトリに適用される．特定された寄与成分のうち，"重大な"成分を用いて総合的な測定不確かさ（合成標準不確かさ）を評価する（7.6.2, 7.6.3）．各成分の"重大さ"を評価する際には，必要とされる合成不確かさの大きさ，寄与成分の大きさ及び数，報告する測定不確かさの有効桁数等を考慮し，適切な評価基準を設定する必要がある．具体的な評価方法の例を第4章に記載しているので参考にされたい．

---

*6　JCGM 100:2008としても発行されており．BIPM（国際度量衡局）ウェブサイトより参照できる（執筆時現在）．

JIS Q 17025:2018

7.6.2　校正を実施するラボラトリは，所有する設備を含め，全ての校正に関する測定不確かさを評価しなければならない．

7.6.3　試験を実施するラボラトリは，測定不確かさを評価しなければならない．試験方法によって，厳密な測定不確かさの評価ができない場合，

原理の理解又は試験方法の実施に関する実際の経験に基づいて推定しなければならない．

注記1　広く認められた試験方法が，測定不確かさの主な要因の値に限界を定め，計算結果の表現形式を規定している場合には，ラボラトリは，試験方法及び報告方法の指示に従うことによって，**7.6.3** を満足しているとみなされる．

注記2　結果の測定不確かさが確立され，検証されている特定の方法に関して特定された重大な影響因子が制御されていることをラボラトリが実証できる場合，個々の結果について測定不確かさを評価する必要はない．

注記3　さらに詳しい情報については，**ISO/IEC Guide 98-3**，**JIS Z 8404-1** 及び **JIS Z 8402** 規格群を参照．

【JIS Q 17025：2005 からの主な変更点】

○試験所に対し，厳密な測定不確かさ評価ができない場合でも，測定不確かさの推定を要求している．

○注記2を新たに追加した．

【解　説】

測定不確かさの評価方法については，前出の ISO/IEC Guide 98-3（GUM），EURACHEM/CITAC Guide（化学分析の測定不確かさに関する指針文書）といった文書に詳細が記載されている．

一般的には，GUM に記載された次の方法（しばしば"ボトムアップ法"と呼ばれる）により測定不確かさを評価する．

① 測定不確かさ要因ごとにその分布（正規分布，一様分布，三角分布等）を推定し，それに対応した除数で割ることにより標準不確かさを算出する．

② 必要に応じ不確かさ要因の単位を試験・校正結果のそれと整合させるための係数（感度係数）を乗じる．

③ 各標準不確かさを合成し，最終的に適切な包含係数を乗じて拡張不確かさを算出する．

7.6.2 について：校正を実施するラボラトリ（校正機関，保有する設備を自身で校正するラボラトリ）は，その校正に関して適切に測定不確かさを評価しなければならない．2018 年版では，この要求事項が校正機関による校正だけでなく，ラボラトリが自身の保有する設備に対してラボラトリの内部で行う校正にも適用されることを明確にしている．通常，校正については，全ての重要な不確かさ要因が定量的に評価できるため，前述の"ボトムアップ法"により評価を行う．

7.6.3 について：試験所が実施する試験に対しても，校正と同様に測定不確かさの評価が要求されているが，全ての試験について校正ほどの厳密な"評価"を求めているわけではない．定量的に評価できる重要な測定不確かさ要因については，校正と同様，適切に"評価"することが求められるが，試験分野においては定量的に評価できない重要な測定不確かさ要因が多く存在する（例えば，測定対象成分の均質性に伴う不確かさ，試料からの測定対象成分の抽出率の不確かさ，など）．それらについては，理論的原理や過去の測定経験等に基づいた"推定"（それらの合成不確かさへの寄与の程度の評価）を要求している．寄与の程度は，測定対象成分の性質，試料の性状（測定対象成分との相互作用），測定方法に強く依存する．ラボラトリには，当該測定成分，試料及び測定方法にかかる十分な知識と経験を基に合理的な推定が求められる．ほかにも，一連の測定を多重で実施し，得られる測定結果の標準偏差を測定不確かさとする方法（"トップダウン法"とも呼ばれる）が，試験分野でしばしば用いられている．

注記 1 について：これに該当する事例として，APLAC TC 005（Issue No.3）では，公知の試験規格（国際規格，地域規格，国家規格，定評ある技術機関の出版物，規制当局や法令が定める方法等）が次の①②の両方に該当する場合，と解説しており，ラボラトリはこれら測定及び要因が規定された限界値内で管理されていることを実証することが望ましいと記述している．

① 試験結果又は測定不確かさの最大許容値，及び試験結果への影響が大

きい要因（例えば環境条件）の限界値を設定している．

② 結果の報告形式（有効数字桁数，数値の丸め方等）を明確に規定している．

注記2について：測定不確かさが十分に検討されている試験方法において，影響の大きい設備を適切に管理することにより，個々の試験・校正品目に対する測定不確かさの評価が免除される旨の記述である．

JIS Q 17025:2018

7.7 結果の妥当性の確保

7.7.1 ラボラトリは，結果の妥当性を監視するための手順をもたなければならない．結果として得られるデータは，傾向が検出できるような方法で記録し，実行可能な場合，結果のレビューに統計的手法を適用しなければならない．この監視は，計画し，見直さなければならない．また，適切な場合，次の事項を含めなければならないが，これらに限定されない．

a) 標準物質又は品質管理用物質の使用
b) トレーサブルな結果を得るために校正された代替の計測機器の使用
c) 測定設備及び試験設備の機能チェック
d) 適用可能な場合，チェック標準又は実用標準の管理図を伴う使用
e) 測定設備の中間チェック
f) 同じ方法又は異なる方法を用いた試験又は校正の反復
g) 保留された品目の再試験又は再校正
h) 一つの品目の異なる特性に関する結果の相関
i) 報告された結果のレビュー
j) 試験所内比較
k) ブラインドサンプルの試験

【JIS Q 17025：2005 からの主な変更点】

○b)，c)，d)，e)，i)，j)，k) が，内部品質管理手段として新たに追記された．

7 プロセスに関する要求事項

【解　説】

　試験・校正結果の品質保証（試験・校正の技術的能力の保証）のための選択肢が挙げられている．本細分箇条の内容はラボラトリが内部で実施する活動（内部品質管理）であり，7.7.2 の外部品質管理活動との適切な組合せにより，自身の試験・校正能力を継続的に監視しなければならない．

　a）から k）の選択肢は，測定の（要員間，日間）再現性の評価のために実施されるものである．a）の標準物質・品質管理用物質は，測定値の日間変動を確認するためという意味では内部品質管理用試料とみなされる．このための試料は，評価実施期間内での測定対象量の安定性が要求されるものの，正確な値（認証値）は必要ない．JIS Q 17034 に適合する標準物質生産者が供給する標準物質には安定性に配慮した適切な保管条件や有効期限が設定されており，使用が推奨されている．b）は既校正設備が複数あれば，日常業務で用いない方の設備を校正品目とみなして測定するという事例が想定される．k）は測定対象量既知の試料を未知試料（顧客依頼試料）として測定要員には知らせず測定させるというものである．c），e），i）は単独では測定工程全般の品質管理にはならず，他の方法との適切な組合せで実施することが推奨される．

　いずれの方法を採用するにしても，その結果は自身の傾向を評価できるような形にまとめなければならない．測定値そのものやある基準値との差又は比率を管理図にプロッティングし傾向を追うという方法がよく用いられている．先にも述べたが，内部品質管理活動の主な目的は測定の再現性を評価することである．測定精度は様々な原因により徐々に又は突然に劣化するおそれがある（測定設備や参照標準の劣化，要員の変更や能力低下，など）．時機を逸することなくその劣化を検知できるような内部品質管理の実施手順（実施頻度，評価基準，評価基準逸脱時の対応）をもち適用する必要がある．

―― JIS Q 17025：2018 ――

7.7.2 ラボラトリは，利用可能で適切な場合，他のラボラトリの結果との比較によって，そのパフォーマンスを監視しなければならない．この監

視は，計画し，見直さなければならない．また，次のいずれか，又は両方を含まなければならないが，これらに限定されない．

a) 技能試験への参加

　　注記　**JIS Q 17043** は，技能試験及び技能試験提供者に関する追加情報を含んでいる．**JIS Q 17043** の要求事項を満たす技能試験提供者は，能力があるとみなされる．

b) 技能試験以外の試験所間比較への参加

【JIS Q 17025:2005 からの主な変更点】
○外部品質管理活動への参加が，要求事項として設置されている．

【解　説】
　外部品質管理活動（技能試験及び試験所間比較）は，2005年版では品質保証活動の一選択肢としての扱いであったが，2018年版では内部品質保証活動と切り離され，独立的に要求事項とされている．これは，外部品質保証活動はかたより（他者結果との差）を評価するためのものであり，品質保証は内部品質管理（ばらつきの管理）と外部品質管理（かたよりの管理）の組合せにより達成される，という考えによる．ラボラトリは，自身の試験・校正活動の量，測定要員の変更の程度，参照標準の安定性等の関連する要因を内部品質管理（7.7.1）の頻度と合わせて考慮し，外部品質管理活動への適切な参加頻度を設定する必要がある．

　注記には，技能試験を市場に提供（企画，運用）する組織（技能試験提供者）の能力について記述されている．JIS Q 17043:2011 は技能試験提供者が信頼性の高い技能試験を提供するために満たすべき要求事項をまとめた国際規格 ISO/IEC 17043:2010 に対応する国家規格であり，これに適合する提供者は試験品目の準備，参照値の付与，計画に基づいた技能試験の工程管理実施について適切な能力をもつと判断できる．

　技能試験を活用することは手段の一つであるが，分野によっては，毎年のよ

うに技能試験プログラムが開催されるとは限らない．また，試験項目によっては試験試料の送付条件に"冷蔵"などの指定がある場合や，試料が液体のため検体の輸送を考えると（税関の規制などで）国外のラボラトリの技能試験への参加が現実的でない場合もある．また，技能試験提供者から過去に参加実績のあるラボラトリへは直接に技能試験プログラムが案内される場合もあるが，技能試験提供者の公開情報を注視することは大切である．

―――――――――――――――― JIS Q 17025：2018 ―

7.7.3 ラボラトリは，監視活動で得られたデータを分析し，ラボラトリ活動の管理に使用し，適用可能であれば，改善に使用しなければならない．監視活動で得られたデータの分析結果が，事前に規定した処置基準を外れることが判明した場合は，不正確な結果が報告されることを防止するため，適切な処置を講じなければならない．

【解　説】

2005年版の要求事項を踏襲している．

　品質管理活動で基準外の結果が得られた場合には，試験・校正結果に大きく影響する可能性を検討し，必要であれば早急に適切な処置（不適合業務処置，是正処置等）をとらなければならない．通常，品質管理活動で基準外の結果が得られた場合には，試験・校正業務でも同様の（不適切な）結果を報告してしまっている可能性を直ちに考えるべきであり，原因究明及び過去に報告した試験・校正結果への影響の調査を実施しなければならない．また基準を外れなくても，管理図等を用いて連続的に監視することにより変化の傾向を把握していれば，基準を外れる前に対応することができる．

―――――――――――――――― JIS Q 17025：2018 ―

7.8　結果の報告

7.8.1　一般

7.8.1.1　結果は，開示する前に，レビューされ，承認されなければなら

ない．
7.8.1.2 結果は，通常，報告書（例えば，試験報告書，校正証明書又はサンプリング報告書）の形で，正確に，明瞭に，曖昧でなく，客観的に提供されなければならない．また，結果には，顧客と合意し，かつ，結果の解釈に必要な全ての情報及び用いた方法が要求する全ての情報を含めなければならない．発行された全ての報告書は，技術的記録として保持しなければならない．

 注記1 この規格の目的において，試験報告書及び校正証明書は，それぞれ試験証明書及び校正報告書と呼ばれることがある．
 注記2 この規格の要求事項が満たされている限り，報告書はハードコピー又は電子的手段によって発行することができる．

【JIS Q 17025：2005 からの主な変更点】
○"サンプリング報告書"が新たに追加されている．
○"開示前のレビュー及び承認"が新たに追加されている．
○"発行された報告書を技術的記録として保持すること"が要求されている．

【解　説】
　顧客に提供する報告書（ここではサンプリングも含めるため，"試験報告書"，"校正証明書"は用いていない）は，提供される前に力量のある（権限付与された）要員により，報告結果の適切さ（必要なデータを含めているか，正しく算出されているか，結果の表記方法は適切か，など）が確認され，承認されなければならない．また，報告書には顧客が必要とする全ての情報，結果の解釈に必要な情報を含めることが要求されている．記載の正確さ，明瞭さ，曖昧のなさ，客観性は 2005 年版から踏襲されている．
　7.5.1 でも述べたように，2005 年版では発行された試験報告書・校正証明書の写しを技術的記録として保管することが要求されていたが，PDF ファイルなど電子報告書の普及を考慮し，2018 年版では"写し"を削除している．電

子媒体で発行する場合は同一ファイルもしくはその印刷物を保持すればよいし，紙媒体で発行する場合には，2005年版どおり報告書の写しを"発行報告書と全く同一の情報を含む技術的記録"として保持対象としてもよい．何を技術的記録として保持対象とするのかをラボラトリごとに決定する必要がある．

JIS Q 17025：2018

7.8.1.3 顧客との合意がある場合には，簡略化した方法で結果を報告してもよい．**7.8.2～7.8.7**に規定されているが，顧客に報告されなかったいかなる情報も，すぐに利用できるようにしておかなければならない．

【**JIS Q 17025：2005からの主な変更点**】
○簡略化した報告書を発行できる対象として，2005年版の"内部顧客向けに発行する場合"が削除された．
○簡略化した方法による報告について，顧客との"書面による"合意が削除された．

【**解　説**】
　各報告書への記載が要求される項目は7.8.2～7.8.5に規定されているが，試験・校正に対する顧客のニーズは多様であり，それに不必要な情報の記載を顧客が嫌がるケースがある．例えば顧客が適合性表明のみで十分と考える場合，多数枚にわたる試験・校正結果は不要であり，顧客側での管理も面倒になる．

　報告書に記載すべき事項を省略する場合には，具体的にどの項目の記載を省略するのかを含め顧客との間で合意がなされていなければならない．加えて，記載を省略した項目については，事後的に顧客からの要求に応じて提示できるように管理しておかなければならない．

　記載事項の省略については，顧客との"書面による"合意は2018年版の要求事項から除外されているが，通常はこのような合意は契約段階でなされるものであり，契約書等の中で文書化されるべきものである．

7.8.2 報告書（試験，校正又はサンプリング）に関する共通の要求事項

7.8.2.1 個々の報告書は，少なくとも次の情報を含まなければならない．ただし，ラボラトリが正当な除外の理由をもち，それによって誤解又は誤用の可能性が最小化される場合はこの限りでない．

- **a)** タイトル（例えば，"試験報告書"，"校正証明書"又は"サンプリング報告書"）
- **b)** ラボラトリの名称及び住所
- **c)** 顧客の施設若しくはラボラトリの恒久的施設から離れた場所，又は関連する一時施設若しくは移動施設で実施された場合を含め，ラボラトリ活動が実施された場所
- **d)** 全ての構成要素が完全な報告書の一部であることが分かる固有の識別，及び報告書の終わりを示す明瞭な識別
- **e)** 顧客の名称及び連絡先情報
- **f)** 用いた方法の識別
- **g)** 品目の記述，明確な識別，及び必要な場合，品目の状態
- **h)** 結果の妥当性及び適用に重大な意味をもつ場合は，試験・校正品目の受領日，及びサンプリングの実施日
- **i)** ラボラトリ活動の実施日（期間）
- **j)** 報告書の発行日
- **k)** サンプリング計画及びサンプリング方法が結果の妥当性又は適用に関連する場合には，ラボラトリ又はその他の機関が用いたサンプリング計画及びサンプリング方法の参照
- **l)** 結果が，その試験，校正又はサンプリングされた品目だけに関するものであるという旨の表明
- **m)** 結果．適切な場合，測定単位を伴う．
- **n)** 方法への追加又は方法からの逸脱若しくは除外
- **o)** 報告書の承認権限者の識別

> p) 結果が外部提供者から出されたものである場合は，明確な識別
>   注記　ラボラトリの承認なく報告書の一部分だけを複製してはならないことを規定する表明を含めることによって，報告書の一部が前後関係から切り離されないことを保証することができる．

【JIS Q 17025：2005 からの主な変更点】

○c) 試験・校正が実施された場所について，恒久的施設での実施の場合も含めて記載することが求められている．

○e) について，2005 年版の"顧客の名称及び所在地"が"顧客の名称及び連絡先情報"に変更された．

○h) について，"サンプリングの実施日"が追加された．

○j) について，"報告書の発行日"が追加された．

○o) について，報告書発行権限者の"氏名，職能及び署名又は同等の識別"が"識別"に変更された．

○2005 年版の 5.10.6 "下請負契約者は，書面又は電子的手段で結果を報告すること．校正を下請負契約した場合には，その業務を実施した機関は，契約主であるラボラトリに対して校正証明書を発行すること．"が削除された．

【解　説】

　試験報告書，校正証明書，サンプリング報告書に共通の記載事項を規定している．多くは 2005 年版から踏襲しているが，上記のような変更が施されている．

　b），c) について：b) ではラボラトリの"住所（address の訳）"の記載が求められているが，c) で求められている"場所（location の訳）"には，住所だけでなく実施場所の詳細な情報を含める必要がある．ラボラトリ活動がラボラトリの恒久的施設内で実施されたのか外で実施されたのかが重要であり，後者の場合には実施場所の具体的な情報（例えば，住所に加え○○株式会社製造室，など）を盛り込む必要がある．例として，試験所が設備メーカーの下部組織であって，恒久的試験室と実際に試験を実施する製造室が同一住所の建物内

にあるような場合は，同一住所であっても恒久的施設外での試験であるため，それが明確に把握できるような記述が必要である．

e）について：顧客の"連絡先情報"としては，顧客の所在が一定していないケース（移動式施設など）やITの利用普及をふまえ，住所以外の情報（Eメールアドレスなど）も許容されている．どの情報を記載するかについては，契約時に顧客との間で合意を得ておくことが望ましい．

l）について：試験・校正結果をその母集団（環境媒体，製造ロットなど）の全てに適用し一つの報告書上で母集団全体の評価を行うことは，ラボラトリの活動範囲を超えている．たとえラボラトリ自身がサンプリングを実施したとしても，しかるべきサンプリング手順に従ってサンプリングを実施し得られた試料について試験を実施することがラボラトリの責務であるため，あくまで適用したサンプリング手順の適切性及び当該試料の試験結果のみについて報告書上での責任を負うことになる．顧客が試験結果を基に母集団全体に何らかの評価を行い，それが不適切な評価であった場合を考慮し，ラボラトリの免責として"報告結果は対象試験・校正品目のみに関するものである"旨を記述しておく必要がある．

注記について：試験・校正結果は，報告書全体をもって一つの報告とされるべきものである．報告書にはラボラトリが結果の解釈のために必要な情報を記載しているのであるから，報告書の一部分だけの複写には必要な情報が欠落することになり，ラボラトリが意図しない結果の誤解につながるおそれがある．顧客がそのようなことを望む場合は，誤った解釈を防止するためにどの情報を含めるべきかについて事前にラボラトリに相談し，助言や承諾を得るべきである．

JIS Q 17025：2018

7.8.2.2 ラボラトリは，その情報が顧客から提供されたものである場合を除き，報告書に記載された全ての情報について責任をもたなければならない．顧客によって提供されたデータは，明確に識別されなければならない．さらに，その情報が顧客から提供されたもので，結果の妥当性に影響

する可能性がある場合には，免責条項を報告書に記載しなければならない．ラボラトリがサンプリング段階に責任をもたない場合（例えば，試料が顧客から提供された場合）には，結果は受領した試料に適用される旨を報告書に記載しなければならない．

【解　説】

ラボラトリが（外部機関へ委託した工程を含め）報告書に記載した全ての情報について，ラボラトリ自身が責任をもたなければならない．一方で，顧客から提供され，自身がその適切性を確実にできない工程，情報，データを報告書に記載せざるを得ない場合には，免責のための記述をすることで，自身の責任範囲を報告書上で明確にする必要がある．

顧客自身がサンプリングした試料を顧客がラボラトリに持ち込んで試験・校正を依頼する場合は，たとえ顧客からサンプリングに関する詳細な情報，記録を引き継いだとしてもそれらの情報に対してラボラトリが責任をもつことができないため，サンプリングも含めた報告形態で結果を報告してはならない．サンプリングは適合性評価の重要な工程であり，ラボラトリ自身が実施するか又は適切な実施能力をもつサンプリング実施機関に外部委託しない限り，ラボラトリ自身が責任をもってはならない．試験報告書（又は校正証明書）上で，"顧客により持ち込まれた試料の試験（又は校正）結果である（サンプリングには関与していない）"旨を，明確に記述しなければならない．

― JIS Q 17025：2018 ―

7.8.3　試験報告書に関する特定要求事項

7.8.3.1　**7.8.2** の要求事項に加え，試験結果の解釈に必要な場合，試験報告書は次の事項を含まなければならない．

a)　特定の試験条件に関する情報，例えば，環境条件

b)　該当する場合，要求事項又は仕様に対する適合性の表明（**7.8.6** 参照）

c)　適用可能な場合であって，次のいずれかの条件を満たす場合には，測

定対象量と同じ単位で表示された，又は測定対象量に対する相対値
（例えば，パーセント）で表示された測定不確かさ
— 測定不確かさが，試験結果の妥当性又は適用に関連している．
— 顧客の指示が，測定不確かさを要求している．
— 測定不確かさが，仕様の限界への適合性に影響を与える．
d) 適切な場合，意見及び解釈（**7.8.7** 参照）
e) 特定の方法，規制当局，顧客又は顧客のグループによって要求されることがある追加の情報

7.8.3.2 ラボラトリがサンプリング活動に責任をもつ場合，試験結果の解釈に必要であれば，試験報告書は，**7.8.5** の要求事項を満たさなければならない．

【JIS Q 17025：2005 からの主な変更点】
○測定不確かさは"測定対象量と同一単位で"又は"測定対象量に対する相対値で"報告することを要求している．

【解　説】
報告書記載事項として，7.8.2.1 に加え"試験報告書"に特化した追加的要求事項であり，2005 年版の要求をほぼ踏襲している．

7.8.3.1 a) について：適用した試験方法からの何らかの変更（追加，除外，逸脱）があれば，その詳細を記述する．この前提として，それら変更が試験結果の信頼性を損ねていないことをラボラトリが確実にしておく必要がある．また，試験結果に影響するとラボラトリが判断する環境条件（試験実施時の観測値）を記載する．

c) について：試験所については測定不確かさの評価（又は推定）を実施する必要があるが，報告は必須ではない．顧客が測定不確かさの報告を求めないケースが多く，顧客との合意により測定不確かさを報告書に記載しないことも許容される．しかし，顧客が要求しない場合であっても，測定不確かさが試験

結果の有効性に影響する場合や，顧客による試験結果の利用に測定不確かさが必要である場合，又は適合性表明結果に影響するとラボラトリが判断する場合には，測定不確かさを報告する必要がある．契約段階で顧客にその旨を十分説明し理解してもらうことが望ましい．注意すべき点として，試験においては測定不確かさが試験品目のプロパティに大きく依存する場合がある．例えば，試験方法の検証のために使用した試料と個別の顧客依頼試料とではプロパティが異なるため，前者で得られた不確かさを後者に適用することが適切でないケースがある．顧客に誤った解釈をさせないような配慮が必要であり，可能であれば依頼試験品目について個別的に測定不確かさ評価を実施し，当該試験品目の測定不確かさとして報告することが極めて望ましい．

なお，測定不確かさは測定対象量に帰属するものであること（ISO/IEC Guide 99 参照），また測定不確かさは試験結果の品質（ばらつきの大きさ）を表す要因であり同一単位でなければその比較評価ができないことから，測定不確かさを報告する場合は，測定対象量と同一の測定単位，又は相対値として報告することが 2018 年版で新たに要求されている．

試験報告書を発行する試験所自身がサンプリングを実施しない場合，試験報告書に記載する測定不確かさにサンプリングに起因する不確かさを含めるかどうかについて，顧客と合意しておく必要がある．試料が本規格に適合するサンプリング報告書を伴っているのであれば，試験所は記載された不確かさに関する情報［7.8.5 f)］を利用して総合的な測定不確かさを評価できるであろうが，それがない場合は信頼できる不確かさ情報が入手できないため，サンプリングに起因する不確かさを含めるべきではないであろう．

JIS Q 17025:2018

7.8.4 校正証明書に関する特定要求事項

7.8.4.1 7.8.2 の要求事項に加え，校正証明書は，次の事項を含まなければならない．

a) 測定対象量と同じ単位で表示された，又は測定対象量に対する相対値

（例えば，パーセント）で表示された測定結果についての測定不確かさ
>   注記　**ISO/IEC Guide 99** によれば，測定結果は一般に，測定の単位及び測定不確かさを含む，単一の測定された量の値で表される．
> **b)** 測定結果に影響をもつ，校正が実施された際の条件（例えば，環境条件）
> **c)** 測定値がどのように計量トレーサビリティをもつのかを明確化した表明（**附属書A**を参照）
> **d)** 利用可能な場合，調整又は修理の前後の結果
> **e)** 該当する場合，要求事項又は仕様への適合性の表明（**7.8.6** 参照）
> **f)** 適切な場合，意見及び解釈（**7.8.7** 参照）
>
> **7.8.4.2** ラボラトリがサンプリング活動に責任をもつ場合，校正結果の解釈に必要であれば，校正証明書は，**7.8.5** の要求事項を満たさなければならない．
>
> **7.8.4.3** 顧客との合意がある場合を除き，校正証明書又は校正ラベルのいずれも，校正周期に関する推奨を含んではならない．

【JIS Q 17025：2005 からの主な変更点】

○ 7.8.4.1 a）について，測定不確かさは"測定対象量と同一単位で"又は"測定対象量に対する相対値で"報告することを要求している．

○ c）について，"測定がトレーサブルであることの証拠"を"測定値がどのようにトレーサビリティをもつのかを明確化した表明"に変更した．

【解　説】

報告書記載事項として，7.8.2.1 に加え"校正証明書"に特化した追加的要求事項であり，2005 年版の要求をほぼ踏襲している．

7.8.4.1 a）について：測定不確かさは，測定対象量と同一単位，又は相対値として報告することが 2018 年版で新たに要求されている．解説は 7.8.3 を参照．

b）について：校正結果に影響するとラボラトリが判断する環境条件（校正実施時の観測値）を記載する．

c）について：2005年版で要求されていたトレーサビリティの"証拠"が，明確化した"表明"に変更された．"証拠"として校正の連鎖における各段階の校正証明書が必要となるという解釈をされてしまうおそれがあったことによる．トレーサビリティの"表明"としては，適切な計量参照（6.5.2，6.5.3）にトレーサブルな参照標準を用いての校正の結果である旨を記述すればよいであろう．どの計量参照にトレーサブルな校正結果であるのかが重要な情報である．

d）について：顧客が校正と同時に調整を依頼する場合，通常は調整を実施した後に校正するであろうが，調整前の結果も合わせて報告することが要求されている．顧客は定期校正の結果を用いて，その設備を用いての自身の過去の測定業務の有効性を評価している．すなわち，校正結果が前回定期校正時の結果と同等であることをもって，前回校正時以降に実施した測定業務が妥当であったことを確認している．そのために，依頼品目を調整する前に，依頼された状態での結果も合わせて顧客に報告する必要がある．ところで，2005年版では"調整又は修理の前及び後の'校正結果'を報告すること"が要求されていたが，2018年版では単に"結果"としている．これは，上述の測定業務の妥当性の確認が必ずしも校正によらなくてもよく，また顧客が実施する中間チェックでも十分確認できるという理由による．したがって，d）への対応については校正でなく，簡単な検証でも許容される．なお依頼品目が不具合をもち，修理をしなければ校正，検証等ができないのであれば，やむを得ず修理後の校正結果だけを報告することになる．

7.8.4.3について：設備の適切な校正周期は，顧客の使用状況に大きく依存する．それが十分に把握できない状況で，ラボラトリが校正周期の推奨を含めることは適切ではない．測定対象量の安定性が過去の経験，データ，検証等で明らかであると考えられる場合には含めることもできるであろう．校正周期に関する推奨を校正証明書に含めることについて顧客と合意する際には，その校正周期の間に顧客の使い方により校正値が変化する可能性があることについて，

配慮すべきである．

JIS Q 17025:2018

7.8.5 サンプリングの報告─特定要求事項
　ラボラトリがサンプリング活動に責任をもつ場合，**7.8.2** に列挙する要求事項に加え，結果の解釈に必要な場合には，報告書は次の事項を含まなければならない．
- **a)** サンプリングの日付
- **b)** サンプリングされた品目又は材料の固有の識別（適切な場合，製造業者の名称，指定されたモデル又は型式，及びシリアル番号を含む．）
- **c)** 図面，スケッチ又は写真を含む，サンプリングの場所
- **d)** サンプリングの計画及び方法の参照
- **e)** 結果の解釈に影響する，サンプリング中の環境条件の詳細
- **f)** 後の試験又は校正の測定不確かさを評価するために必要な情報

【JIS Q 17025:2005 からの主な変更点】
○ f) が新たに追加された．

【解　説】
　サンプリング活動に責任をもつ（自身でサンプリングを実施した，又はサンプリングサービスを外部より提供された）ラボラトリがサンプリング結果を報告する場合，報告書（試験報告書，校正証明書，サンプリング報告書）に記載する事項を規定している．
　前述のとおり，サンプリングは試験・校正結果に大きく影響する重要な工程であり，後の試験・校正結果の解釈のために様々なサンプリング情報をレビューする必要が生じる場合がある．サンプリング現場の詳細（位置情報，採取場所及び採取地点の状況），環境状況（天候，対象媒体の状況），サンプリング手順（採取深度，採取点，採取方法及び採取量）など，試験結果の解釈に影響する情報を維持し，報告書に記載する必要がある．全てのサンプリング情報

を記載することは現実的でないケースもあるが，その場合でも事後的に顧客から要求があった場合は提示できるような準備が必要である（7.8.1.3 参照）．

加えて，サンプリング実施機関が発行するサンプリング報告書には，後の試験・校正の測定不確かさを評価するために必要な情報を記載することが要求されている．サンプル母集団の分布（不均一性）に伴う測定不確かさは定量化が不可能であるが，サンプリングに用いる設備（エアーサンプラー，ガスメータ，フローメータなど）は校正が可能であり，採取量の不確かさ要因として定量的な情報を記載することができる．また，実施が可能であれば，事前の繰返し採取により得られた採取量の標準偏差を記載することもできる．

JIS Q 17025：2018

7.8.6 適合性の表明の報告

7.8.6.1 ラボラトリは，仕様又は規格への適合性を表明する場合，採用した判定ルールに付随する，（誤判定による合格及び誤判定による不合格，並びに統計的仮定などの）リスクのレベルを考慮に入れた上で採用した判定ルールを文書化し，それを適用しなければならない．

  注記 その判定ルールが，顧客，規制又は規範文書によって規定されている場合，リスクのレベルの更なる検討は不要である．

7.8.6.2 ラボラトリは，次の事項を明示して，適合性の表明に関する報告を行わなければならない．

a) どの結果に対して適合性の表明が適用されるのか．

b) どの仕様，規格又はそれらの一部に適合又は不適合なのか．

c) 適用された判定ルール（要求された仕様又は規格に既に含まれている場合を除く．）．

  注記 さらに詳しい情報については，**ISO/IEC Guide 98-4** を参照．

【解　説】

7.8.6 は，2018 年版で新たに設置された要求事項である．試験・校正の目的の多くは何らかの規格，基準，仕様への適合性を評価するため（製品検査，環

境調査等）であり，顧客がその表明を含めラボラトリに依頼するケースも多い．例えば，製品規格への適合性表明は当該製品の市場への導入の可否を判断する重要な根拠であり，また環境基準への適合性表明は汚染除去処理実施の根拠となるであろう．2018年版では適合性表明の重要性に着目し，関連する要求事項を新規設置している．

適合性表明をラボラトリが行う場合は，まず表明のルール（判定ルール）を明確にし，契約段階で顧客に伝えることが要求されている（7.1.3）．その判定ルールは，測定不確かさをどのように考慮するのかを明確にしていなければならない．全ての測定には測定不確かさが伴うのであるが，それを顧客が認識せず適合性表明を依頼するケースや，適合性表明を規定する規格等に測定不確かさが適用されていないケースがある．適合性表明には必ず誤判定（不適合を適合と表明する，又はその逆）のリスクが伴い，リスクのレベルは測定不確かさの考慮の有無，また考慮の方法により大きく異なる．そのリスクは，基準，仕様の適合範囲幅と測定不確かさ値を用いて算出することができる．適合性表明に測定不確かさを考慮するのか，するのであればどのように考慮するのかについて，統計的に評価されたリスクレベルなども含めた判定ルールを文書化し，その内容について顧客と合意する必要がある．

顧客により持ち込まれた試験・校正品目について，その品目のサンプリングに関する信頼できる測定不確かさ情報をラボラトリが入手することは通常困難である．ラボラトリがそのような品目の試験・校正を実施し，その試験・校正結果に関する適合性表明を行う場合には，表明に用いる測定不確かさにサンプリングに起因する測定不確かさが含まれていない旨を判定ルールとして明確に記述し，顧客と合意する必要がある．

JIS Q 17025:2018

7.8.7　意見及び解釈の報告

7.8.7.1　ラボラトリは，意見及び解釈を表明する場合，それらを表明する権限を与えられた要員だけがそれぞれの表明を提示することを確実に

しなければならない．ラボラトリは，意見及び解釈が形成された根拠を文書化しなければならない．

> 注記　意見及び解釈は，**JIS Q 17020** 及び **JIS Q 17065** が意図している検査及び製品認証の表明，並びに **7.8.6** の適合性の表明と区別することが重要である．

7.8.7.2　報告書に表明する意見及び解釈は，試験又は校正した品目から得られた結果に基づかなければならず，意見及び解釈である旨を明示しなければならない．

7.8.7.3　意見及び解釈が顧客との対話で直接伝達される場合，その対話の記録を保持しなければならない．

【**JIS Q 17025：2005 からの主な変更点**】
○意見・解釈の対象を，試験報告書のみから校正証明書にも拡大した．
○意見・解釈は試験・校正品目から得られた結果に基づかなければならないこと，また権限付与された要員が意見・解釈を表明しなければならないことが，新たな要求事項として追加された．
○意見・解釈が顧客との直接対話で伝えられる場合には"対話の記録を保持すること"について，2005 年版の推奨事項（5.10.5 注記 3）から 2018 版では要求事項へと格上げされた．

【**解　説**】
　意見及び解釈はいずれも専門的知識経験に基づくものであるが，用語として"解釈"はデータの客観的な評価と捉えられる一方で，"意見"は何らかの主観的要素が入り込むように一般的には捉えられるであろう．国際規格開発の過程では，本規格の対象とする報告書において主観的要素を含めることは望ましくないとのことで WG 44 では"意見"を除外するべきとの意見も挙げられたが，とりわけ臨床試験分野で意見（セカンドオピニオン）が要求されるケースが多いことから 2018 年版でも踏襲されている．特に主観的要素を含む意見を表明

する場合には，適切な力量（豊富な知識経験）をもち権限付与された要員が表明すること，また検査，製品認証に関する表明との混同を避けるため誤解を与えるような表明を控える，報告書にその旨を明記するなどの配慮が必要である．意見・解釈は依頼品目の試験・校正結果に関するものであり，その品目の生産プロセスまでも含めた（製品認証にかかる）判断はできない．

7.8.7.1 について：試験及び校正の結果にかかる意見・解釈は，専門的な知識や経験を基になされるものであり，必要な力量を備えた要員により形成されるべきものであるとして，2018年版では意見・解釈の形成に権限付与を要求している（6.2.6 参照）．これに加えて 7.8.7.1 では，意見・解釈の表明に対しても，適切な表明方法（報告書上での表明又は口頭による伝達の選択，適切な表明文面の選択）を決定する権限を要求している．なお本細分箇条は，報告書上での表明及び口頭での伝達の双方に対し適用される要求事項である．

7.8.7.2 について：意見・解釈を報告書上で表明するケースに適用される．それが意見又は解釈であること，報告書のどの結果に関する意見・解釈であるのかも含めて，報告書上で明確にする必要がある．報告書上で表明される意見・解釈は，依頼された品目の試験・校正結果に基づくものでなければならない．関連する他品目の試験・校正の経験から得られる知識や情報を基に依頼品目に対する意見・解釈を述べることは許容されるが，依頼品目の試験・校正結果を用いて他品目に対する意見・解釈を述べることはできない．

JIS Q 17025：2018

7.8.8 報告書の修正

7.8.8.1 発行済みの報告書を変更，修正又は再発行する必要がある場合は，いかなる情報の変更も明確に識別し，適切な場合，変更の理由を報告書に含めなければならない．

7.8.8.2 発行後の報告書の修正は，"報告書，シリアル番号…（又は他の識別）の修正"という表明若しくは同等の文言を含めた，追加文書又はデータ転送という形態だけによって行わなければならない．

7 プロセスに関する要求事項　　　　　　121

そのような修正は，この規格の全ての要求事項を満たさなければならない．
7.8.8.3 完全な新規の報告書を発行することが必要な場合には，この新規の報告書に固有の識別を与え，それが置き換わる元の報告書の引用を含めなければならない．

【JIS Q 17025：2005 からの主な変更点】
○ 報告書の変更，修正，再発行において，情報の変更を明確に識別することを要求している．
○ 適切な場合，変更の理由を報告書に含めることを要求している．

【解　説】
　発行済み報告書の修正は，①追加文書又はデータ転送にて行う（7.8.8.2），又は②修正を施した新規の版を発行する（7.8.8.3），のどちらかで行われるが，いずれの場合も初版からの変更情報を明確に識別しなければならない．変更の理由については顧客がそれを知りたいと考える場合があり，そのニーズに対応することも含め，適切な場合には報告書（追加文書又は新規版の中）に記載することとされている．

　7.8.8.2 について：修正を追加文書により行う場合は，追加文書と初発行版が対となって1証明書になる必要がある．その情報が初発行版にないとすれば，顧客の扱いによっては追加文書が報告書の一部を構成していないことによる誤解，混乱が後に生じる可能性がある．不適切な使用を防止するための配慮が必要である．

　7.8.8.3 について：発行報告書の修正が発生した場合，顧客は通常，追加文書ではなく新規の再発行版を要求するケースが多い．その場合は，再発行版に元の報告書の引用，及び再発行版であることの識別を付さなければならない．具体的な手順としては，"報告書番号 XX-XXX の修正版である" と明記するか，再発行版の報告書番号を "XX-XXX-R"（XX-XXX：元報告書番号，-R：再発行の識別）などとすることが考えられる．いずれにしても，同一報告書番号で異

なる結果が記載されている，顧客が複数報告書のどれが有効な報告書なのか分からなくなる，といった状況により顧客等に混乱を生じさせないような発行手順をもつ必要がある．

JIS Q 17025:2018

7.9 苦情

7.9.1 ラボラトリは，苦情を受領し，評価し，決定を下すための文書化したプロセスをもたなければならない．

7.9.2 苦情処理プロセスの記述は，いかなる利害関係者にも，要請に応じて入手可能にしなければならない．苦情を受領した時点で，ラボラトリは，その苦情が，自らが責任をもつラボラトリ活動に関係するかどうかを確認し，関係があればその苦情を処理しなければならない．ラボラトリは，苦情処理プロセスの全ての階層において，全ての決定について責任をもたなければならない．

7.9.3 苦情処理プロセスは，少なくとも次の要素及び方法を含まなければならない．

a) 苦情を受領し，妥当性を確認し，調査を行い，それに対応してとるべき処置を決定するためのプロセスを記述する．

b) 苦情を解決するためにとられる処置を含め，苦情を追跡し，記録する．

c) 適切な処置がとられることを確実にする．

7.9.4 苦情を受領するラボラトリは，その苦情の妥当性を確認するために必要な全ての情報の収集及び検証に責任をもたなければならない．

7.9.5 ラボラトリは，可能な場合には，苦情申立者に対して苦情の受領を通知し，進捗状況及び結果を提示しなければならない．

7.9.6 苦情申立者に伝達される結果は，問題となっている元のラボラトリ活動に関与していなかった者が作成するか，又はレビューし承認しなければならない．

　　注記　これは，外部の要員によって実施することができる．

7 プロセスに関する要求事項　　　　　　　　　123

> **7.9.7** ラボラトリは，可能な場合には，苦情処理の終了を苦情申立者に対して正式に通知しなければならない．

【JIS Q 17025：2005 からの主な変更点】
○ ISO/CASCO 強制要求事項として新規導入されている．

【解　説】

　7.9 には，苦情処理の基本原則である公開性，アクセスの容易性，応答性，客観性，説明責任に関する要求事項が含まれている．これらについては，JIS Q 10002：2015（品質マネジメント―顧客満足―組織における苦情対応のための指針）で詳説されているので参考にされたい．

　苦情は，ラボラトリの直接の顧客（依頼者）以外にも，試験・校正結果を利用する者，規制当局などの利害関係者から申し立てられる場合がある．ラボラトリは苦情の内容を分析し，その内容がラボラトリに責のある場合は，自身の文書化された苦情処理手順に従って速やかに処理を行わなければならない．

　7.9.2 について：ラボラトリは，苦情申立て窓口の情報を顧客に伝えておく必要がある．通常，顧客からの苦情は日常的に付合いのある営業部門等にインプットされることが多いが，申し立てられた全ての苦情は処理権限を付与された要員へ漏れなく伝達されなければならず，そのためのコミュニケーションを確実にしなければならない．また，あらゆる利害関係者が苦情申立ての機会を均等に得るために，苦情申立て窓口等の情報をホームページ等で公開するという手段がある．

　7.9.3 について：苦情を受理した際は，その内容がラボラトリ活動の信頼性にどの程度影響するのかを直ちに評価すべきである．通常，受理した苦情の多くは不適合業務として処理されており，その中で重大性の評価，及び必要な場合は是正処置が実施されることになる．

　7.9.6 について：苦情処理の客観性（公平であること）の観点から，直接苦情に該当するラボラトリ活動に関与していない要員が苦情処理結果を作成，も

しくはレビューし承認することとしている．必要な要員がラボラトリ内部にいない（例えば要員1名のみのラボラトリ）場合は，適切な外部要員を選定し，上記活動に当たらせる必要がある．

JIS Q 17025:2018

7.10 不適合業務

7.10.1 ラボラトリは，そのラボラトリ活動の何らかの業務の側面，又はその結果が，ラボラトリの手順又は顧客との間で合意された要求事項に適合しない場合（例えば，設備又は環境条件が規定の限界を外れている場合，監視の結果が規定の基準を満たさない場合）に実施しなければならない手順をもたなければならない．この手順は，次の事項を確実にしなければならない．

a) 不適合業務の管理に関する責任及び権限を定める．

b) 処置（必要に応じて，業務を停止する又は繰り返すこと，及び報告書を保留することを含む．）を，ラボラトリの設定したリスクレベルに基づいて定める．

c) 以前の結果に関する影響分析を含め，不適合業務の重大さを評価する．

d) 不適合業務の容認の可否を決定する．

e) 必要な場合，顧客に通知して業務結果を回収する．

f) 業務の再開を承認する責任を定める．

7.10.2 ラボラトリは，不適合業務及び **7.10.1** の **b)〜f)** に規定する処置の記録を保持しなければならない．

7.10.3 ラボラトリは，評価によって，不適合業務が再発し得ること又はラボラトリ自身のマネジメントシステムに対する運営の適合性に疑いがあることが示された場合には，是正処置を実施しなければならない．

【JIS Q 17025:2005 からの主な変更点】

○業務一時停止，再開の処置の判断が，ラボラトリのリスクレベルに基づかなければならないことを要求している．

【解　説】

不適合業務の管理に関しては，2005年版の要求事項をほぼ踏襲している．

7.10.1 について：不適合業務としては，日常業務の中で発見されるエラー（測定に関するもの，マネジメントシステムに関するもの），内部監査や外部監査（認定審査等）での指摘事項，苦情として申し立てられるもの，技能試験結果不満足，設備の外部校正結果の異常，といった種類が想定されるが，何が不適合業務に分類されるものであるのかを明確にしておくべきである．

確認された不適合業務を処理する権限を与えられた要員が，まず重大性の評価を行う．重大性によって試験・校正業務の一時中断，及び必要な場合は発行した報告書を回収すべきかどうかを検討するが，業務を中断（又は継続）することの判断は，そのリスクを考慮して決定することが要求されている．全ての不適合に対して業務を停止する必要はなく，ある不適合業務に対する全ての対応（是正処置の効果の確認まで）が完了するまで業務を停止し続ける必要はないかもしれない．当該不適合業務の影響の大きさと業務を中断することによる時間的な損失等リスクを比較し，その結果を基に業務の一時停止の判断，再開の判断をすればよい．

7.10.3 について：全ての不適合業務について是正処置を要求しているわけではない．マネジメントシステムの良好な運営や試験・校正結果の有効性，信頼性に影響を及ぼすと考えられる，重大性の高い不適合業務と判断されたものについて是正処置の対象とすればよい（8.7）．

JIS Q 17025:2018

7.11　データの管理及び情報マネジメント

7.11.1　ラボラトリは，ラボラトリ活動を行うために必要なデータ及び情報を利用できなければならない．

【JIS Q 17025:2005 からの主な変更点】

○ラボラトリのデータ管理について，2018年版で新規に設置された要求事項である．

【解　説】

　情報技術（IT）の普及により，旧来の紙媒体による管理に代わり電子媒体（表計算ソフト，ワークステーションなど）による管理が普及しており，試験・校正データの処理も手動処理から自動処理へ移行してきている．また膨大な量の測定データを処理する臨床，医薬品，食品といった分野の試験所では，試料管理から測定管理，データ・報告書管理を統括的に行うラボラトリ情報マネジメントシステム（LIMS：Laboratory Information Management System）が広く普及しており，これらシステムの管理にかかる要求事項の設定が求められてきた．

　7.11.1 は，ISO 15189:2012（臨床検査室―品質と能力に関する要求事項）の"ラボラトリ情報マネジメント"の細分箇条を参考にして設定されている．なお本要求事項は，従来の紙媒体から近代的な統括管理システムのような管理まで，あらゆるデータ管理に適用できるような内容になっている（7.11.2 注記 1）．

　なおここでは，ラボラトリ情報マネジメントシステムに関して，JIS Q 27001（情報技術―セキュリティ技術―情報セキュリティマネジメントシステム―要求事項）への対応をラボラトリに要求しているものではない．

---- JIS Q 17025:2018 ----

7.11.2　データの収集，処理，記録，報告，保管又は検索に使用されるラボラトリ情報マネジメントシステムは，導入の前に，ラボラトリによって，ラボラトリ情報マネジメントシステム内のインタフェースが適正に機能していることを含め，機能性の妥当性を確認しなければならない．ラボラトリ情報マネジメントシステムは，ラボラトリによるソフトウェアの設定変更又は市販の既製ソフトウェアの変更を含め，変更が行われる場合には，使用前に承認し，文書化し，妥当性を確認しなければならない．

　　注記 1　この規格において，"ラボラトリ情報マネジメントシステム"には，電子化されたシステム及び電子化されていないシステムの両方に含まれるデータ並びに情報の管理が含まれる．要

7 プロセスに関する要求事項

求事項によっては，電子化されていないシステムより電子化されているシステムに適用しやすくなる．

注記2 一般的に使用されている市販の既製ソフトウェアは，設計上の適用範囲において十分に妥当性が確認されているとみなすことができる．

【解　説】

ここでいう"ラボラトリ情報マネジメントシステム"は，表計算シートのような簡単なシステムから，測定設備に付随する処理ソフト，LIMS のような統合システムまで，ラボラトリが採用するあらゆるデータ・情報管理システムを含む．これらを新規に導入する際には，使用前に適正に作動，処理することを確認しなければならない．測定設備からのデータ伝送過程，ソフトウェアにおける計算過程，報告書発行過程など，システムに実施させる過程について適切に妥当性の確認を実施する必要がある．

処理システムの妥当性確認は供給者（製造メーカー等）がサービスとして実施するケースもあるが，その場合でも妥当性確認の内容がラボラトリ活動の意図する用途に対し適切であることを確認し，もし不十分であればラボラトリ自身が追加的な妥当性確認を実施する必要がある．

市販の既製ソフトウェア（Excel 等）については，例えばセル内での簡単な計算（電卓のように用いる）のであれば妥当性確認は必要ないが，セルに複雑な数式を入力したシートでセル参照により測定結果を計算させたり，ラボラトリ自身でマクロを組んで測定結果を自動算出させ報告書様式にインプットするような場合には，適切な動作を確認した上で用いる必要がある．

上記の妥当性確認は，ラボラトリが何らかの変更（入力算出式の変更，参照標準データの更新，ソフトウェアのアップデート等）を施した場合には必ず実施する必要がある．

> **JIS Q 17025:2018**
>
> **7.11.3** ラボラトリ情報マネジメントシステムは，次の事項を満たさなければならない．
> a) 無許可のアクセスから保護されている．
> b) 不正な書き換え及び損失から防護されている．
> c) 提供者若しくはラボラトリの仕様に適合する環境の中で運用されているか，又は電子化されていないシステムの場合は，手書きの記録及び転記の正確さを確保する条件を備える環境の中で運用されている．
> d) データ及び情報の完全性を確実にする方法で維持されている．
> e) システム障害及びそれに対する適切な応急処置及び是正処置を記録することを含む．

【解　説】

　データの機密性，完全性を確実にするための要求事項を定めている．機密情報を含むデータ・情報の漏えい，喪失，不適切な改ざんが発生しないよう，データストレージ（紙記録のファイル，ハードディスク等）へのアクセス権限を明確にすること，アクセス時のパスワード設定，データ処理工程の管理，データ書換えやアクティビティログ変更の防止措置，適切な頻度でのデータバックアップ等の対応が求められる．

　コンピュータ化されていないシステム（手記入記録）を用いる場合には，観測値の記録や別紙への転写におけるヒューマンエラーを可能な限り防止，カバーする手順（例えば，観測と記録を別の要員が行う，他要員によるチェックを徹底するなど）をもち適用する必要がある．

> **JIS Q 17025:2018**
>
> **7.11.4** ラボラトリ情報マネジメントシステムが，異なる場所（off-site）で管理及び保守されているか，又は外部提供者を通じて管理及び保守されている場合，ラボラトリは，システムの提供者又は操作者が，この規格の適用される全ての要求事項に適合することを確実にしなければならない．

7.11.5 ラボラトリは，ラボラトリ情報マネジメントシステムに関連する指示書，マニュアル及び参照データを要員がいつでも利用できることを確実にしなければならない．

7.11.6 計算及びデータ転送は，適切かつ系統的な方法でチェックを行わなければならない．

【解　説】

7.11.4 について：ラボラトリを組織の一部とする機関が包括的な情報管理システムをもつため，ラボラトリの情報がラボラトリとは離れた場所（本社等）で管理される場合や，情報管理を外部機関に委託する場合が想定される．管理者や外部委託機関が本規格の関連する要求事項，特に，データ・情報の完全性及び機密性の管理に関する要求事項に適合していることを確実にしなければならない．

7.11.6 について：2005 年版から踏襲された要求事項である．手動，自動を問わず，データ転送，計算，転写を確実にするために，各処理工程及び最終報告書発行の段階で必要なチェックを実施しなければならない．チェックは実施者とは別の要員が実施することが望ましい．また，漠然とチェックするのではエラーを見逃す可能性が高くなる．エラーが発生しやすい箇所，項目を特定しておき重点的にチェックするというような手順をもつことにより，実効のあるチェック体制が構築できるであろう．

8　マネジメントシステムに関する要求事項

JIS Q 17025：2018

8　マネジメントシステムに関する要求事項

8.1　選択肢

8.1.1　一般

ラボラトリは，この規格の要求事項の一貫した達成を支援し，実証する

とともに，試験・校正結果の品質を保証することを可能にするマネジメントシステムを構築し，文書化し，実施し，維持しなければならない．この規格の箇条4～箇条7の要求事項に適合することに加え，ラボラトリは，選択肢A又は選択肢Bに基づくマネジメントシステムを実施しなければならない．

　　注記　詳しくは，**附属書B**を参照．

8.1.2　選択肢A

ラボラトリのマネジメントシステムは，少なくとも次の事項に取り組まなければならない．

— マネジメントシステムの文書化（**8.2**参照）

— マネジメントシステム文書の管理（**8.3**参照）

— 記録の管理（**8.4**参照）

— リスク及び機会への取組み（**8.5**参照）

— 改善（**8.6**参照）

— 是正処置（**8.7**参照）

— 内部監査（**8.8**参照）

— マネジメントレビュー（**8.9**参照）

8.1.3　選択肢B

JIS Q 9001の要求事項に従ってマネジメントシステムを確立し，維持しており，この規格の箇条4～箇条7の要求事項を一貫して満たすことを裏付け，実証することが可能なラボラトリは，少なくとも**8.2**～**8.9**に規定するマネジメントシステム要求事項の意図をも満たしている．

【JIS Q 17025：2005からの主な変更点】

○ISO/CASCO強制要求事項として，2018年版で新たに設置された．

【解　説】

本要求事項は，ISO/CASCOのISO/IEC 17000シリーズ規格に共通のルー

ルである．

　通常，ラボラトリは本規格の 8.2～8.9 の要求事項に適合するマネジメントシステムを構築することになる（選択肢 A）が，ラボラトリが JIS Q 9001 に適合するマネジメントシステムを維持している場合には，既に 8.2～8.9 に相当する事項を満たしており，それを本規格のマネジメントシステムとして利用できる（選択肢 B）．なお，選択肢 B を選択するラボラトリは自身の JIS Q 9001 への適合を何らかの形で立証できればよく，ラボラトリ又はそれを組織の一部とする機関は JIS Q 9001 の認証を取得していなければならない，というわけではない．

　ところで，JIS Q 9001 は品質マネジメントシステムに関する規格であり，本規格の技術的要求事項を網羅していない．したがって，ラボラトリが JIS Q 9001 のマネジメントシステムを維持しているとしても，そのシステムの方針，手順をそのまま本規格の選択肢 B の根拠として使用することは一般的には難しい．ラボラトリが維持している JIS Q 9001 のマネジメントシステムが"この規格の箇条 4～箇条 7 の要求事項を一貫して満たすことを裏付け，実証する"とは，箇条 4～7 の各要求事項への対応が 8.2～8.9 に対応する JIS Q 9001 マネジメントシステム運営の中でカバーできていること，例えば方針・目標，内部監査，マネジメントレビュー等が技術的事項への対応を含めていることをラボラトリが実証しなければならないということである．ラボラトリが大きな組織の一部である場合は，通常 JIS Q 9001 認証はラボラトリ単位ではなく大組織を単位として取得されているため，JIS Q 9001 に基づくマネジメントは本規格の箇条 4～7 のうち特に技術的事項は対象としていないであろう．その場合は，ラボラトリ単位による追加的な対応が求められる．

　なお，8.1.3 において要求事項(8.2～8.9)の"意図"という文言は，ISO/CASCO 強制要求事項の文面に対して WG 44 が追加したものである．これは，本規格のマネジメントシステム要求事項と JIS Q 9001 の要求事項とが一致しているとはいえないと判断したことによる．すなわち，本規格に適合しているラボラトリが，同時に JIS Q 9001 の要素を満たしているとはいえないことに留意す

べきである．

JIS Q 17025：2018

8.2 マネジメントシステムの文書化（選択肢 A）

8.2.1 ラボラトリマネジメントは，この規格の目的を果たすための方針及び目標を，確立し，文書化し，維持し，ラボラトリの組織の全ての階層で，この方針及び目標が周知され，実施されることを確実にしなければならない．

8.2.2 この方針及び目標は，ラボラトリの能力，公平性及び一貫性のある運営を取り上げていなければならない．

8.2.3 ラボラトリマネジメントは，マネジメントシステムの開発及び実施，並びにマネジメントシステムの有効性の継続的改善に対するコミットメントの証拠を提示しなければならない．

8.2.4 この規格の要求事項を満たすことに関係する全ての文書，プロセス，システム，記録をマネジメントシステムに含めるか，マネジメントシステムから引用するか，又はマネジメントシステムに関連付けなければならない．

8.2.5 ラボラトリ活動に関与する全ての要員は，それらの要員の職責に適用されるマネジメントシステム文書及び関連情報の該当部分を利用できなければならない．

【JIS Q 17025：2005 からの主な変更点】

○2018 年版では"品質マニュアル"が削除され，関連要求（品質方針及びマネジメントシステム文書の構成の概要を品質マニュアルに含めること）も併せて削除された．

○方針，目標の表明が，トップマネジメントからラボラトリマネジメントの責務に変更された．

○方針の具体的内容が削除された．

8 マネジメントシステムに関する要求事項

【解　説】

　マネジメントシステムの根幹をなすラボラトリの方針及び目標，並びにラボラトリマネジメントのマネジメントに対するコミットメントにかかる要求事項を含んでいる．

　8.2.1について：2005年版において要求されていた，いわゆる"品質マニュアル"の作成，及び品質方針の品質マニュアルでの表明は，2018年版からは削除されている．これはJIS Q 9001にならったものであり，主な理由としては，品質マニュアルが機能的に活用されていない事例がある．品質マニュアルでの箇条記載順と実際のプロセス管理の順序が必ずしも整合しておらず使いにくい，といったことによる．

　一方で，ラボラトリマネジメントはラボラトリの方針及び目標（2005年版の"品質方針"及び"品質目標"に相当）を文書化し，要員に周知しなければならない．方針及び目標の文書化の仕方はラボラトリの裁量に任されているが，従来どおりの管理がふさわしいと判断すれば，品質マニュアルを維持しその中に方針や目標を記載すればよい．品質マニュアルは使いにくい面もあるが，マネジメントシステム全体の説明や各プロセスのリンク（下位文書の関連）を把握するために有用な面もある．ラボラトリはリスクに基づき，自身に適切な管理方法を構築することになる．

　8.2.2について：2005年版にあった品質方針に盛り込むべき内容についての規範的な項目が削除されたことにより，その内容もラボラトリマネジメントの裁量に任されることになる．方針には，箇条1（適用範囲）にあるように，本規格の目的である①ラボラトリとしての能力を確実にすること，及び②公平性・一貫性のある運営をすること，について含める必要がある．なお，方針はラボラトリ全体の総合的な方針（方向性）であり，具体的な要素は一般的には含まれない．その方針の実現のために各要員が具体的に何をすべきか，また何を目指すのかを，目標として記すことになる．

JIS Q 17025:2018

8.3 マネジメントシステム文書の管理（選択肢 A）

8.3.1 ラボラトリは，この規格を満たすことに関係する（内部及び外部の）文書を管理しなければならない．

> 注記　ここでいう"文書"とは，方針表明文，手順書，仕様書，製造業者の指示書，校正値表，チャート，教科書，ポスター，通知，覚書，図面，図解などであり得る．それらは，ハードコピーか，又はデジタル形式のような様々な媒体で作成できる．

8.3.2 ラボラトリは，次の事項を確実にしなければならない．

a) 文書の発行に先立って，権限をもった要員がその文書の妥当性について承認を与える．

b) 文書を定期的に見直し，必要に応じて更新する．

c) 文書の変更及び最新の改訂の状況が識別される．

d) 適用される文書の適切な版が使用に際して入手でき，必要に応じてそれらの文書の配布が管理される．

e) 文書に固有の識別を付す．

f) 廃止文書の意図しない使用を防止する．目的を問わず，廃止文書を保持する場合は，それらに適切な識別を付す．

【解　説】

8.3.1 について：構成としては 2005 年版をほぼ踏襲しているが，規範的な文面が削除され，ラボラトリが自身で適切な手順を構築する形の要求事項になっている．注記にあるように，文書には紙媒体のもの以外にも，写真，電子媒体，音声といった様々な媒体が対象となる．

8.3.2 について：内部文書の制定，識別，配付，定期見直し，更新，最新版管理にかかる手順をもち適用することが要求されている．制定・改訂における適切性の確認及び承認，及び全要員の適切な版（最新版）の利用を確実にするため，以下にかかる手順をもち適用することが必要である．

　a)：文書発行及び改訂については，権限を付与された要員がその妥当性を

確認し，承認を与える．

b）：日常的な改善処置等により発生する変更が的確に文書に反映されているかを確認するため，また記述内容のアップデートを積極的に実施するための定期見直しを実施する．誤字脱字，文章の体裁，他文書との記述内容の整合など，様々な目線から文書の質を評価するという意味では，同一文書を複数の要員で読み合わせることが望ましい．

c），d）：複数の部署・要員に配付される文書が常に適切な版であることを確実にするための管理を行う．文書改訂後に各要員が的確に差替えを行うこと（回収，廃棄の確認等）．特に要員が手順書を各自印刷又はPCに保存して測定現場に持参するような場合は，測定要員が差替えを失念するケースがある．

f）：保存すべき旧文書の誤用を防止する（表紙に旧版であることを明記する，旧版ファイル・フォルダに格納するなど）．

外部文書については，改訂の情報について時機を逸することなく受け取り，更新するための手順をもたなければならない．外部機関から改訂情報が届かない外部文書については，定期的に発行元の情報を確認する，といった手順が考えられる．なお，外部文書を利用したいときに直ちに利用できる状況（例えば，発行元のホームページから容易にダウンロードが可能）を確実にすることが要求されており，全てを印刷してファイリングしておかなければならないというわけではない．様々なリスクを考慮し，自身が管理しやすい手順を構築すればよい．

JIS Q 17025:2018

8.4 記録の管理（選択肢A）

8.4.1 ラボラトリは，この規格の要求事項を満たすことを実証するための読みやすい記録を確立し，保持しなければならない．

8.4.2 ラボラトリは，記録の識別，保管，保護，バックアップ，アーカイブ，検索，保持期間及び廃棄のために必要な管理を実施しなければなら

> ない．ラボラトリは，契約上の義務に準じた期間にわたって記録を保持しなければならない．これらの記録へのアクセスは，機密保持のコミットメントに準じなければならない．また，記録は直ちに利用できなければならない．
>
> **注記** 技術的記録に関する追加的な要求事項は，**7.5** に記載されている．

【解　説】

2005 年版の要求事項がほぼ踏襲されている．

記録も文書と同様に，様々な媒体が対象とされる．各媒体に対し機密性，完全性を確保するために適切な維持管理及び廃棄の手順をもたなければならない．記録は権限を付与された者が管理を行い，容易に持出し，複写，改変がなされないような配慮をすべきである．また必要な記録類が直ちに検索，利用できるよう，適切な分類及び索引付け（種類ごとにファイルを分ける，識別番号・作成日順に並べる，理解しやすいフォルダ名を付す，など）を行うべきである．

記録の保持期間としては，契約上の要求があればそれに従わなければならないが，それがなければラボラトリが試験・校正結果に責任を負うべき期間（顧客や利害関係者からの要求に応じ，遡って記録を確認する必要が生じると考えられる期間）を最低限の保持期間として設定すればよい．なお，要員の教育訓練・権限付与にかかる記録，及び設備のメンテナンス・修理記録は長期間経過後に確認が必要となる場合があるため，該当する要員，設備を使用しなくなる（退職，滅失）まで保管する例が多い．

JIS Q 17025：2018

> **8.5 リスク及び機会への取組み（選択肢 A）**
>
> **8.5.1** ラボラトリは，次の事項を目的として，ラボラトリ活動に付随するリスク及び機会を考慮しなければならない．
>
> a） マネジメントシステムが，その意図した結果を達成できるという確信を与える．

b) ラボラトリの目的及び目標を達成する機会を広げる.

c) ラボラトリ活動における望ましくない影響及び潜在的障害を防止又は低減する.

d) 改善を達成する.

8.5.2 ラボラトリは,次の事項を計画しなければならない.

a) これらのリスク及び機会への取組み.

b) 次の事項を行う方法.

― これらの取組みのマネジメントシステムへの統合及び実施.

― これらの取組みの有効性の評価.

注記 この規格は,ラボラトリのリスクへの取組みの計画について規定するが,リスクマネジメントの正式な方法又は文書化されたリスクマネジメントプロセスの要求事項は規定していない.ラボラトリは,例えば,他の手引又は規格の適用を通じて,この規格によって要求されるリスクマネジメント手法よりも広範な手法を開発するか否かを決定できる.

8.5.3 リスク及び機会への取組みは,ラボラトリが出す結果の妥当性に与える潜在的影響に釣り合ったものでなければならない.

注記1 リスクへの取組みの選択肢には,脅威の特定及び回避,機会を追求するためのリスク負担,リスク源の除去,可能性若しくは結果の変更,リスクの共有,又は情報に基づく決定によるリスク保持が含まれ得る.

注記2 機会は,ラボラトリ活動の範囲拡大,新たな顧客への取組み,新技術の使用及び顧客のニーズに取り組むその他の可能性につながり得る.

【解 説】

JIS Q 9001:2015 との整合を図るべく,本規格に新たに設定された要求事項である.JIS Q 9001 の基本理念である"リスクに基づく考え方"(JIS Q

9001 0.3.3) を具現化するための要求事項が含まれている.

"リスク"は，JIS Q 9000 では"不確かさの影響"と定義されている．ラボラトリがプロセスアプローチに基づき各プロセスを構築，運用する中で，自身のマネジメントシステム及び試験・校正結果に与える不確かな（一般的には好ましくない）影響，潜在的影響因子を感じることも多いだろう．それらを検知，特定し防止，軽減することで，各プロセスをより的確かつ円滑に運用することにつながり，最終的に自身の試験・校正活動のアウトプットに確信をもつことができるようになる．なお，2005 年版で設置されていた"予防処置"は，2018 年版ではリスクに基づく考え方が規格全体に適用されたことにより廃止されている．

リスクマネジメントの詳細な方法は，JIS Q 31000（リスクマネジメント―原則及び指針）に記載されている．JIS Q 31000 では，リスクマネジメントの具体的な手順として，次のフローを記述している．

　①リスク特定：リスクの包括的な一覧の作成
　②リスク分析：リスク原因，リスク源，リスクの（好ましい，好ましくない）結果及びその起こりやすさの分析
　③リスク評価：対応の有無，優先順位に関する評価
　④リスク対応：原因の除去，起こりやすさや結果の変更，リスクの受容

8.5.2 では，リスクへの取組みに関して計画をもつことを要求している．一方，JIS Q 9001 附属書 A（A.4）では"組織がリスクへの取組みを計画しなければならないことを規定しているが，リスクマネジメントのための厳密な方法又は文書化したリスクマネジメントプロセスは要求していない．組織は，例えば，他の手引又は規格の適用を通じて，この規格で要求しているよりも広範なリスクマネジメントの方法論を展開するかどうかを決定することができる．"と記述している．リスクへの取組みについてどの程度まで厳格に手順をもち実施し記録を残すのかはラボラトリの裁量に任されているが，いずれにしてもラボラトリには，これまで各要員が漠然と感じていた潜在的要因を明確にし対応する機会を設けること，またその効果を（マネジメントレビュー等で）レビュー

することが求められる．さらに，どういったタイミングでリスクに取り組むのかを決定しておくことも重要である．通常，何らかの変更がなされたときには必ずリスクが伴うと考えるべきである．人事異動による測定・管理要員の変更，測定手順の変更，手順書の改訂等が発生した際には適宜リスクを抽出し対応すべきであり，毎年○月にリスクに取り組む，といったような取決めだけでは不十分である．

リスクに合わせて，"機会"についても JIS Q 9001 にならい導入されている．ここでいう"機会"とは，顧客や市場のニーズに対応し事業範囲を拡大（新規試験・校正分野への着手，試験・校正範囲の拡大等）する試みをいい，ラボラトリやそれを含む大組織の方針，目標に含まれることも多い．機会への取組みは組織として日常的に考慮されているはずのものであり，この箇条要求に従って特別に対応すべきようなものではないであろう．しかし，新たな機会への取組みには必ずリスクが伴い，そのリスクに対し適切に取り組むという意識は必要である．

---- JIS Q 17025：2018 ----

8.6 改善（選択肢 A）

8.6.1 ラボラトリは，改善の機会を特定し，選択して，必要な処置を実施しなければならない．

> 注記　改善の機会は，業務手順のレビュー，方針の使用，全体の目標，監査結果，是正処置，マネジメントレビュー，要員からの提案，リスクアセスメント，データの分析，技能試験の結果を通じて特定することができる．

8.6.2 ラボラトリは，顧客からの肯定的なフィードバック及び否定的なフィードバックの両方を求めなければならない．マネジメントシステム，ラボラトリ活動及び顧客へのサービスの改善のためにフィードバックを分析し，利用しなければならない．

> 注記　フィードバックの種類の例には，顧客満足の調査，コミュニケーションの記録及び顧客と共同での報告書のレビューが含まれる．

【JIS Q 17025:2005 からの主な変更点】
○顧客からのフィードバックに関する要求事項（8.6.2）が，2005 年版での"顧客へのサービス"に関する細分箇条から，本細分箇条へと移設された．

【解　説】
　2005 年版からほぼ踏襲されている要求事項である．顧客からのフィードバックを含め，内部からの自発的アクション及び外部からのインプットの双方に基づく改善活動を規定している．

　是正処置や予防処置と異なり，改善は"現状は問題ないが，よりよい方向へ向かわせるための活動"という位置付けであり，各要員に日々改善しようという強い意志がなければ実効のある改善活動は行えないであろう．しかるべき要員が主導し，皆で改善のきっかけを積極的に見つけ出そう，という機会（改善会議，改善提案制度等）を与えるのもよいだろう．ほかにも，内部文書の定期見直し，マネジメントレビューにおけるラボラトリマネジメントからの所見，リスク対応などの中で改善の種を積極的に求める意識をもつことが大切である．

　顧客からのフィードバックを得る具体的な方法として，試験・校正結果とともに満足度アンケートを顧客に渡し回答を求める，営業担当が直接感想を求める，ホームページに意見の受付窓口を設置し顧客に記入を促す，といった方法が考えられる．なお，"求める（seek の訳）"とは積極的に得ようと努めることを意味し，顧客に対し意見を求めることを要求している．顧客は，特に肯定的な意見は積極的にインプットしようとはしない．何もアクションをとらず"特に不満，意見が寄せられていないから問題ない"というのではなく，肯定的な内容も含め意見を徴収するための積極的行動をとらなければならない．また，合わせて関連業務への要望も採取すれば，機会への取組みにもつながる．

JIS Q 17025:2018

8.7　是正処置（選択肢 A）

8.7.1　不適合が発生した場合，ラボラトリは，次の事項を行わなければ

8　マネジメントシステムに関する要求事項

ならない．
a) その不適合に対処し，該当する場合には，必ず，次の事項を行う．
   — その不適合を管理し，修正するための処置をとる．
   — その不適合の結果に対処する．
b) その不適合が再発又は他のところで発生しないようにするため，次の事項によって，その不適合の原因を除去するための処置をとる必要性を評価する．
   — 不適合をレビューし，分析する．
   — その不適合の原因を明確にする．
   — 類似の不適合の有無，又はそれらが発生する可能性を明確にする．
c) 必要な処置を実施する．
d) とった全ての是正処置の有効性をレビューする．
e) 必要な場合には，計画の過程で明確になったリスク及び機会を更新する．
f) 必要な場合には，マネジメントシステムの変更を行う．

8.7.2　是正処置は，検出された不適合のもつ影響に応じたものでなければならない．

8.7.3　ラボラトリは，次の事項の証拠として記録を保持しなければならない．
a) 不適合の性質，原因及びそれに対してとったあらゆる処置
b) 是正処置の結果

【JIS Q 17025：2005 からの主な変更点】
○是正処置の"適切な権限者を指名すること"を削除した．
○不適合のレビュー及び分析，類似不適合の発生の可能性を明確にすること，是正処置の中で新たに確認されたリスク・機会の更新に関する要求項目を追加した．
○追加監査に関する要求を廃止した．

【解 説】

JIS Q 9001 の 10.2（不適合及び是正処置）の要求事項文面をほぼそのまま適用している．

8.7.1 について：確認された不適合業務（7.10）のうち，重大性が大きく是正処置が必要と判断されたものについて，まず不適合の状態及びそれにより得られた当該プロセスの不適切な結果について，早急に（応急処置として）修正処置を実施しなければならない [a)]．次に，同様の不適合の再発又は類似する他の不適合の発生を防止するための手段として，当該不適合のレビュー及び分析，原因究明及び類似不適合の有無及びその発生の可能性について検討する [b)]．そしてその原因に対し適切な是正処置（原因の除去，関連要員への周知，など）を実施する [c)]．それら是正処置が有効に機能していることをレビューする [d)]．

一般的な不適合業務の再発防止策として，原因と考えられる手順や取決めの変更（手順書の改訂等），関連する要員への周知及び教育訓練が相当する．加えて，是正処置を計画，実施する中で新たにリスク，機会が検出された場合は，適切に処置を実施することになる．

8.7.2 について：あらゆる不適合業務に対し，同等の厳格な是正処置手順を適用することは適切ではない．直接的に試験・校正結果の品質に影響するかどうかが判断の基準になるであろう．もちろん，極めて軽微なミス（誤字等）であっても目にあまるほど頻発するようでは，文書見直し方法の見直しなど，何らかの是正対応が必要かもしれない．

― JIS Q 17025:2018 ―

8.8 内部監査（選択肢 A）

8.8.1 ラボラトリは，マネジメントシステムが次の状況にあるか否かに関する情報を提供するために，あらかじめ定めた間隔で内部監査を実施しなければならない．

a) 次の事項に適合している．

8 マネジメントシステムに関する要求事項

　　　— ラボラトリ活動を含めた，ラボラトリ自体のマネジメントシステムに関する要求事項
　　　— この規格の要求事項
b) 有効に実施され，維持されている．

8.8.2 ラボラトリは，次の事項を行わなければならない．

a) 頻度，方法，責任，要求事項の立案，及び報告を含む，監査プログラムを計画し，確立し，実施し，維持する．監査プログラムは，関連するラボラトリ活動の重要性，ラボラトリに影響を及ぼす変更及び前回までの監査の結果を考慮に入れなければならない．
b) 各監査について，監査基準及び監査範囲を定める．
c) 監査の結果を関連する管理要員に報告することを確実にする．
d) 遅滞なく，適切な修正及び是正処置を実施する．
e) 監査プログラムの実施及び監査結果の証拠として，記録を保持する．
　　注記　**JIS Q 19011** は，内部監査に関する指針を示している．

【JIS Q 17025：2005 からの主な変更点】
○内部監査員の要件としての"訓練を受け資格認定された要員で，経営資源が許す限り，監査される活動から独立した要員が行うこと"を削除した．
○監査頻度に関する注記（1サイクルは通常1年以内に完了することが望ましい）を削除した．
○"全てのマネジメントシステム要素を対象とすること"を削除した．
○フォローアップ活動に関する記述を削除した．

【解　説】
　内部監査に関する本箇条の要求事項文面は，JIS Q 9001 の 9.2（内部監査）の文面をほぼそのまま適用している．監査の目的としては，次の2点が挙げられる．
　①ラボラトリが確立，維持しているマネジメントシステム要求事項への，

実際の運用の適合状況の確認（○○手順書に従って実施され，必要な記録が適切に残されているか）．

②ラボラトリが確立，維持しているマネジメントシステムが，本規格を満足する有効なものであるかどうかの確認（○○手順書の記載内容が本規格に適合しかつ適切なものであるか）．

監査を実施する監査員は，本規格はいうまでもなく，ラボラトリの関連文書（上の例では○○手順書）にも精通しているべきである．2018 年版からは監査員の資質として"訓練を受け資格認定された要員"が削除されているが，内部監査員の力量及び権限については 6.2（要員）において確保されているという解釈である．

2018 年版では，2005 年版にあった"マネジメントシステムの全ての要素を対象とすること"が削除されているが，8.8.1 にあるように，内部監査の目的は本規格の要求事項への適合確認である．したがって，本規格のうちラボラトリに適用される全てのマネジメントシステム要素が監査対象になる点は，2005 年版からの実質的な変更はない．ただ，監査の合理的な組合せをラボラトリの裁量で決定することができる．

個別具体的には，次のポイントがある．

- 2018 年版では内部監査の頻度として"あらかじめ定めた間隔で"実施することを要求している．例えば，試験・校正結果に大きく影響する項目，毎年度変更がある項目，年度目標を定めている項目，前年度監査で多く指摘事項が挙げられた項目，不適合業務や苦情が多い項目を"重点監査項目"として監査頻度を高くし，他項目は頻度を低くする（例えば，変更が生じた年度に重点監査を実施するなど）といったやり方も可能である．全てのマネジメントシステム要素を毎年同等に監査するというやり方では，監査自体が形式的になりがちである．ラボラトリごとに実情に合った監査プログラムを計画することで，よりメリハリの利いた監査を実現することができるだろう．
- 2005 年版では可能な限り監査対象から独立した要員による監査を要求

8 マネジメントシステムに関する要求事項

していたが，2018年版からはその記述が削除されている．確かに監査の独立性は重要な要素であるが，少人数のラボラトリでは対応が難しいこと，また独立した監査員は技術的な知見に乏しいことが多く，技術面で実効のある監査が行えないという問題もある．監査員の選定はラボラトリの裁量に任せられているが，完全に独立していない監査員による監査が行われる場合には，いわゆる身内による監査のリスクを十分認識し，監査員に偏りのない客観的な態度で監査に臨むことを確実にさせる必要がある．

- ラボラトリは，監査計画をもとに適切に監査を実施しなければならない．監査計画としては，全マネジメントシステム要素を網羅した（場合によっては複数年度をまたぐ）長期監査計画（通常，ラボラトリの品質管理要員が作成する）及び個別の監査計画（通常，該当監査の監査員が作成する）がある．監査員は監査を実施するに当たり，監査基準（通常は本規格，及び関連する法令等要求事項）及び監査対象項目を明確に記述した監査計画を作成しなければならない．

- 監査員は，必要な監査項目を漏れなく監査しなければならない．事前に監査すべき事項についてまとめておくと，スムーズかつ実効のある監査が行える．また要点を簡潔にまとめた監査チェックシートを用いるのもよい．

- 監査結果（通常は"監査報告書"としてまとめられる）は直ちにしかるべき管理要員に報告され，必要な場合には時機を逸することなく是正処置（8.7）を実施しなければならない．2005年版にあった"フォローアップ活動"は，是正処置の一環である有効性のレビューに含められている．

───── JIS Q 17025：2018 ─────

8.9 マネジメントレビュー（選択肢A）

8.9.1 ラボラトリマネジメントは，マネジメントシステムが引き続き，適切，妥当かつ有効であることを確実にするために，この規格を満たすこ

とに関係する明示された方針及び目標を含め，あらかじめ定めた間隔でマネジメントシステムをレビューしなければならない．

8.9.2 マネジメントレビューへのインプットは，記録しなければならない．また，マネジメントレビューへのインプットには，次の事項に関係する情報を含めなければならない．

a) ラボラトリに関連する，内部及び外部の課題の変化

b) 目標の達成

c) 方針及び手順の適切さ

d) 前回までのマネジメントレビューの結果とった処置の状況

e) 最近の内部監査の結果

f) 是正処置

g) 外部機関による評価

h) 業務の量及び種類の変化，又はラボラトリ活動の範囲の変更

i) 顧客及び要員からのフィードバック

j) 苦情

k) 実施された改善の有効性

l) 資源の適切性

m) リスク特定の結果

n) 結果の妥当性の保証の成果

o) 監視活動及び教育訓練などのその他の関連因子

8.9.3 マネジメントレビューからのアウトプットは，少なくとも次の事項に関係する全ての決定及び処置を記録しなければならない．

a) マネジメントシステム及びそのプロセスの有効性

b) この規格の要求事項を満たすことに関係するラボラトリ活動の改善

c) 必要とされる資源の提供

d) あらゆる変更の必要性

8 マネジメントシステムに関する要求事項

【JIS Q 17025:2005 からの主な変更点】
○ レビュー頻度に関する注記(典型的な周期として 12 か月に 1 回)を削除した．
○ レビューへのインプット項目として，"管理要員及び監督要員からの報告"及び"改善のための提案"を削除し，"ラボラトリに関連する，内部及び外部の課題の変化［a)］"，"前回までのマネジメントレビューの結果とった処置の状況［d)］"，"ラボラトリ活動の範囲の変更［h)の後半］"，"実施された改善の有効性［k)］"及び"リスク特定の結果［m)］"を新たに追加した．
○ ラボラトリマネジメントからのアウトプット項目を具体的に記述した．
○ ラボラトリマネジメントの所見に対する処置について，"それらの処置が適切，かつ，取決めによる期間内に実行されることを確実にすること"を削除した．

【解 説】

8.2.3 では，マネジメントシステムの維持及び改善に対するラボラトリマネジメントのコミットメントを要求している．8.9 で規定するマネジメントレビューは，ラボラトリの総括責任者であるラボラトリマネジメントがマネジメントシステムの改善に関与する代表的な場面である．

　8.9.1 について：内部監査と同様，マネジメントレビュー実施頻度はラボラトリが決定できることとされている．マネジメントシステムが"引き続き(continuing の訳)"適切，妥当かつ有効であることを確実にするためには，ラボラトリマネジメントは重要な情報について時機を逸せず知る必要がある．小規模のラボラトリでは，ラボラトリマネジメントも含めた定例会議(品質保証会議等)を頻繁に開催しており，その中で重要な情報を逐一ラボラトリマネジメントに報告することができる．マネジメントレビューは，ある定められた時期に 8.9.2 の全項目をまとめてレビューするという決まりはなく，例えば重要な項目は月ごとの定例会議で報告し，それ以外の項目は年度ごとのレビュー会議で報告することとし，それらを総称的にマネジメントレビューとして扱ってもよい．内部監査と同様，ラボラトリごとの実情に合ったレビュー体系を構

築すればよい．

8.9.2 について：レビュー項目は，JIS Q 9001 の内容に整合させるための見直しが行われた．JIS Q 9001 において箇条として削除された予防処置が削除され，"内部及び外部の課題の変化"及び"リスク特定の結果"は新たに導入された"リスク及び機会への取組み"に対応する項目である．また"ラボラトリ活動の範囲の変更"は新たに設定が要求されているラボラトリ活動範囲（5.4）に関する項目である．

8.9.3 について：ラボラトリマネジメントからのアウトプットについて，具体的な項目が挙げられている．各レビュー項目のインプットを基にラボラトリマネジメントが必要と判断した変更，改善，資源について，今後の方向性を述べるものである．これらは今後の対応に活用する（例えば，次年度方針・目標設定のための根拠とする）ために確実に記録しておかなければならない．

附属書A（参考）計量トレーサビリティ

――― JIS Q 17025：2018 ―――

附属書A（参考）計量トレーサビリティ

A.1　一般

　計量トレーサビリティは，国内的にも国際的にも，測定結果の比較可能性を確実にするために重要な概念であり，この附属書では計量トレーサビリティに関する追加的情報を記載する．

A.2　計量トレーサビリティの確立

A.2.1　計量トレーサビリティは，次の事項を検討し，確実にすることによって確立される．

a) 測定対象量の詳述．

b) 定められた，適切な計量参照（適切な計量参照には，国家標準又は国際標準，及び固有標準が含まれる．）まで遡る，文書化された，切れ

目のない校正の連鎖.

c) トレーサビリティの連鎖の各段階の測定不確かさは,合意された方法に従って評価される.

d) 連鎖の各段階は,適切な方法で実施されており,測定結果及び付随し記録された測定不確かさを伴う.

e) 連鎖の一段階以上を実施するラボラトリは,技術的能力に関する証拠を提示する.

A.2.2 ラボラトリにおける測定結果に計量トレーサビリティを与えるために,校正された設備の系統測定誤差("偏り"と呼ばれることがある.)を考慮に入れる.計量トレーサビリティの供給において系統測定誤差を考慮に入れる幾つかの方法がある.

A.2.3 ある仕様に対する適合性の表明(測定結果と付随する不確かさを省略)だけを含む,能力のあるラボラトリから報告された情報をもった測定標準が,計量トレーサビリティを与えるものとして用いられることがある.仕様限界が不確かさ要因として組み入れられているこのアプローチは,次の事項に依存する.

— 適合性を確立するための適切な判定ルールの使用

— 仕様限界が不確かさバジェットにおいて,技術的に適切なアプローチで取り扱われる事項

このアプローチの技術的根拠は,仕様に対して宣言された適合性が測定値の範囲を明確にしており,そこでは,ある指定された信頼の水準において,真値がその範囲内にあると期待され,真値からの偏りも,測定不確かさも考慮していることである.

　　例　はかりを校正するために用いられる **OIML R 111** に等級が規定された分銅の使用

A.3 計量トレーサビリティの実証

A.3.1 ラボラトリは，この規格に基づいて計量トレーサビリティを確立する責任をもつ．この規格に適合するラボラトリの校正結果は，計量トレーサビリティを提供する．**JIS Q 17034** に適合する標準物質生産者からの認証標準物質の認証値は，計量トレーサビリティを提供する．第三者による承認（認定機関等），顧客による外部評価，自己評価といった，この規格への適合を実証する様々な方法がある．国際的に受け入れられる方法には次のものが含まれるが，これらに限定されない．

a) CIPM MRA（国際度量衡委員会相互承認取決め）等の国際的取決めの下でピアレビュー・プロセスを経た校正測定能力．CIPM MRA の対象となるサービスは，BIPM（国際度量衡局）KCDB（基幹比較データベース）の附属書 C で見ることができる．このデータベースには，一覧に記載された各サービスの範囲及び不確かさが含まれる．

b) ILAC（国際試験所認定協力機構）取決め，又は ILAC が承認した地域取決めに基づく認定機関によって認定を受けた校正測定能力は，計量トレーサビリティを実証している．認定された校正機関の範囲は，それぞれの認定機関から公に入手できる．

A.3.2 計量トレーサビリティに関する BIPM，OIML（国際法定計量機関），ILAC 及び **ISO** の共同宣言は，計量トレーサビリティの連鎖が国際的に受け入れられることを実証することが必要な場合の明確な指針を定めている．

【解 説】

附属書 A は，2005 年版の 5.6（測定のトレーサビリティ）に設置されていた多数の注記から重要な情報を抽出し，かつ新規情報も合わせて，計量トレーサビリティに関する参考附属書として設置されたものである．なお，ISO/IEC Guide 99 における計量トレーサビリティの定義は，6.5.1 注記 1 に記載されている．

A.2.1 について：計量トレーサビリティの確認のための要素として，ILAC の考え（ISO/IEC Guide 99 2.41 注記 7 に記述）については 6.5.1 の解説で

説明しているが，本附属書では計量トレーサビリティの確立（establishment）のための5要素を記述している．ILACの考慮要素にある"適切な間隔による定期的な校正"は，定められた期間にわたる各測定結果の計量トレーサビリティを継続的に確保するために要求される設備管理手段の一部である（ある一つの測定結果に関しては関連が薄い）として，本附属書では記述していない．

A.2.2について：計量トレーサビリティの要素として不可欠な"校正"は，それぞれが測定不確かさを伴う参照値と指示値との関係を確立するための操作である（ISO/IEC Guide 99 2.39参照）．設備の校正証明書には，その関係として一般的に系統測定誤差（かたより，すなわち指示値と参照値の差）が記載されており，その設備を用いて得られる測定結果にその系統測定誤差を"考慮に入れる"ことで，初めてその測定結果の計量トレーサビリティを主張できるということである．"考慮に入れる"方法として，測定値を直接的に系統測定誤差で補正する方法のほかに，その補正をしない代わりに適切な幅（系統測定誤差幅，あるいは何らかの管理幅）を測定不確かさ要因として考慮するという方法がある．どちらを選択するかは，該当する設備の測定不確かさの大きさ，許容できる総合的な測定不確かさの大きさ，設備の測定結果を補正することの手間，などを考慮して決定する．

A.2.3について：適合性表明結果のみが記載されている校正証明書が海外市場で数多く出回っていることから，それらを設備の校正のための参照標準として用いる際の配慮事項が記載されている．校正証明書に記載される判定ルールには，適合性表明の根拠となる適合幅，及びその表明のリスクレベルの指標（例えば信頼の水準）が含まれている．それらの情報を適切に処理することにより，その幅に真の値がどの程度の信頼水準で含まれるのかを評価することができる．その幅を測定不確かさ要因として考慮することで，測定不確かさだけでなく真の値からのかたよりも同時に考慮していると解釈され，"校正"の定義にも合致することになる．このアプローチは有用であるが，通常，適合幅は測定結果の不確かさに比べかなり大きく，その場合は結果として設備の校正結果の測定不確かさが非常に大きくなることが想定される．

A.3.1 について：設備の測定結果の計量トレーサビリティを対外的に主張する最も有用な方法は，その設備の校正を適切な能力をもつ国家計量標準機関（NMIs）又は校正機関に依頼することである．"適切な能力"として，a）CIPM MRA に基づくピアレビュー・プロセスを経て KCDB（基幹比較データベース）登録された NMIs［日本では（国研）産業技術総合研究所 計量標準総合センター（NMIJ），（国研）情報通信研究機構（NICT），（一財）化学物質評価研究機構（CERI），日本電気計器検定所（JEMIC）］，又は b）ILAC 又は ILAC 承認地域機関（APLAC 等）の MRA 署名認定機関［日本では（独）製品評価技術基盤機構 認定センター（IAJapan），（公財）日本適合性認定協会（JAB），及び（株）電磁環境試験所認定センター（VLAC）］が認定する校正機関が挙げられている．これら機関が登録，認定の範囲内で発行する校正証明書は，本規格に適合して行われた校正に基づくものであり，ISO/IEC Guide 99 及び A.2.1 に記載された計量トレーサビリティに必要な全ての要件を満たしている．

A.3.2 について："計量トレーサビリティに関する BIPM-OIML-ILAC-ISO 4 者共同声明"（2011 年 11 月 9 日発行）には，次のような情報が記載されている．

- 測定結果の国際整合性（consistency）及び国際比較可能性（comparability）は，測定結果が国際的に認められた計量参照（一般的には SI 単位であるが，それが現実的でなければ他の国際的に合意された計量参照）へトレーサブルである場合にだけ保証される．
- 計量トレーサビリティの普及のための，各組織の役割の紹介．
- 計量トレーサビリティは，測定の国際同等性に対する信頼を与え，輸出入業者や規制当局の構築する国際的相互支援システムに有利に影響し，貿易の技術的障害（TBT）の縮小につなげられる．
- BIPM，OIML，ILAC 及び ISO は，次の事項を推奨する．
    ― 国際相互受入れ促進のために，A.3.1 a）又は b）の機関により校正がなされること
    ― 測定不確かさは GUM の原則に基づいて評価されること

― 認定ラボラトリによる測定結果はSIトレーサブルであること
― 認定ラボラトリにトレーサビリティを供給するNMIsは，CIPM MRA署名機関であり，KCDBに関連する分野で校正測定能力が登録されていること
― OIML MAA（型式評価国際相互受入れ制度）[*7]下では，試験所の認定はILAC署名認定機関によりなされ，試験所がSIトレーサビリティに関する方針に従っていること

*7　OIML MAAは，2018年1月より，新たなOIML-CS（証明書制度）に移行した．

附属書B（参考）マネジメントシステムに関する選択肢

JIS Q 17025:2018

附属書B（参考）マネジメントシステムに関する選択肢

B.1　マネジメントシステムの利用が増加したことによって，ラボラトリが，この規格に加えて**JIS Q 9001**にも適合するとみなされるマネジメントシステムを運用できることを確実にする必要性が，一般的に高まった．その結果，この規格では，マネジメントシステムの実施に関係する要求事項について，二つの選択肢を示すことになった．

B.2　選択肢A（**8.1.2**参照）は，ラボラトリにおけるマネジメントシステムの実施に関する最小限の要求事項を列挙したものである．マネジメントシステムが対象とする，ラボラトリ活動の範囲に該当する**JIS Q 9001**の全ての要求事項を取り入れるよう注意が払われた．したがって，箇条**4**〜箇条**7**に適合し，かつ，箇条**8**の選択肢Aを実施するラボラトリは，一般に**JIS Q 9001**の原則にも従って運営されていることになる．

B.3　選択肢B（**8.1.3**参照）によって，この規格の箇条**4**〜箇条**7**を一貫して満たしていることを裏付け，実証するという形をとることで，ラボ

ラトリは，**JIS Q 9001** の要求事項に従ってマネジメントシステムを確立し，維持することが可能となる．したがって，箇条 8 の選択肢 B を実施するラボラトリは，**JIS Q 9001** にも従って運営されていることになる．ラボラトリが運営しているマネジメントシステムが **JIS Q 9001** の要求事項に適合していることは，それ自体ではそのラボラトリが技術的に有効なデータ及び結果を生成する能力をもつことを実証するわけではない．これは，この規格の箇条 4～箇条 7 の順守を通じて実現される．

B.4 いずれの選択肢も，マネジメントシステムのパフォーマンス及び箇条 4～箇条 7 の順守において，同じ結果を達成することを意図している．
 注記 文書，データ及び記録は，**JIS Q 9001** 及びその他のマネジメントシステム規格で用いられている，文書化された情報の構成要素である．文書の管理については，**8.3** に記載している．記録の管理については，**8.4** 及び **7.5** に記載している．ラボラトリ活動に関係するデータの管理については，**7.11** に記載している．

B.5 図 **B.1** は，箇条 7 に記載しているような，ラボラトリの運用プロセスの図解の例を示す．

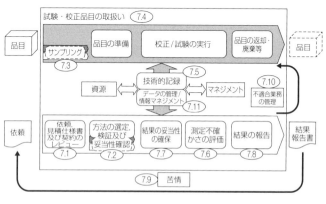

図 **B.1** －ラボラトリの運用プロセスの図解

附属書 B（参考）マネジメントシステムに関する選択肢　　155

【解　説】

　附属書 B は，8.1 の選択肢（A，B）に関する追加的な説明を含んでいる．

　B.2 について：JIS Q 9001 に基づくマネジメントシステムを構築していないラボラトリは，選択肢 A を満たすマネジメントシステムを独自に構築することになる．このラボラトリは，本書第 2 章 2.4（2）で解説したように，"一般に" JIS Q 9001 の原則にも従って運営されているとみなされる．

　B.3 について：既に JIS Q 9001 に基づくマネジメントシステムを維持しているラボラトリは，選択肢 B を選択することにより，JIS Q 9001 マネジメントシステムを基にして本規格のマネジメントシステムを構築することができる．JIS Q 9001 のマネジメントシステムを活用するので，こちらは JIS Q 9001 に従って運営されているということができる．しかしながら，JIS Q 9001 のマネジメントシステムは，一般的には本規格の箇条 4～箇条 7 の要求事項（特に技術的事項）を網羅していないことに留意する必要がある（8.1 の解説参照）．

　B.4 について：（本規格をベースにした）選択肢 A と，（JIS Q 9001 をベースにした）選択肢 B は完全一致することはできないが，本規格の改訂作業においては可能な限り一致させるための配慮がなされた．選択肢 B によるマネジメントシステムが箇条 4～箇条 7 を適切に網羅することにより，マネジメントシステムのアウトプットは両選択肢で同等である，ということができるだろう．

　B.5 について：JIS Q 9001:2015 の基本的概念である "プロセスアプローチ" が，本規格でも取り入れられている．特に，箇条 7 の各プロセス要求事項はそれぞれが関連し合い，最終的なアウトプットにつながっている．その相互関連を把握することは，適切なプロセスマネジメントのために有効である．なお図 **B.1** に示されたフローはあくまでも一例であり，各ラボラトリが自身にとって適切なフローを構築することが望ましい．

第4章

試験所・校正機関におけるISO/IEC 17025:2017への対応について

本章では，本規格のうちラボラトリの関心が高いと思われる四つの事項（公平性のリスクの特定，リスクへの取組み，計量トレーサビリティ，測定不確かさの評価）について，ラボラトリが本規格に適合するための対応例，及び対応におけるポイントについて詳述する．

4.1　公平性のリスクの特定について（本規格4.1.4）

本規格4.1.4では，"ラボラトリは，公平性に対するリスクを継続的に特定しなければならない．"と要求されている．また，公平性に対するリスクには"ラボラトリ活動若しくは他との関係，又はその要員と他との関係をもつことから生じるリスク"が含まれなければならないとされている．ラボラトリには，まずその要員が内部，外部的にどのような人間関係をもっているのか，またラボラトリ組織が内部，外部組織とどのような関係をもつのかを分析することが求められる．

内部的な組織間関係の管理は，特に大組織に包含されるラボラトリ（インハウスラボと呼ばれる）であって，大組織の生産部門がラボラトリに試験を依頼し（いわゆる内部顧客），その報告結果が，その大組織が生産するサービス・製品の品質を決定するもしくは市場へのリリースの可否の決定の根拠となるような場合に極めて重要である．公平性に影響し得る重大なリスク源としては，納期やデータに関する生産部門からの依頼要望が主なものであろうが，ほかにも外部顧客（製品ユーザ）の要望を直接受ける営業部門や顧客管理部門も，顧客満足の達成のためにラボラトリに圧力をかける可能性がある．

ラボラトリが外部顧客の依頼だけを受注する場合，組織としては上述のよう

なリスクに対する考慮は不要であろうが，個々の要員が納期や価格に関して特定の顧客を差別的に扱うケースが想定される．例えば，

・試験要員Aと顧客Bに交友関係があるため，Bから依頼された試験をAが（個人的な判断で）優先的に実施する．

・受注者と顧客に交友関係があるため，当該顧客に課する手数料を減額する．

また，要員が直接的な利害関係にない場合でも，要員の上司にあたる管理者が内外部者と懇意であることに起因する，上司から要員への圧力も想定される．

こういった組織間関係，要員間関係については，例えば**図 4.1** のように図示することで理解がしやすくなるであろう．図 4.1 では，矢印の向きに影響（圧力）が発生する，影響の程度を矢印の太さで表す，といった示し方をしている．

要員間関係については様々なパターンがあり，人事異動の程度により大きく変化する．特に製造部門とラボラトリの間で人事交流が頻繁である場合には注意が必要である．また，要員が新しい活動に参加することで新たな要因が生じる（例えば，学会やセミナーに参加し利害関係者と懇意になる）こともある．そういった変化の発生に応じて公平性のリスクを考察し，適宜更新していくことが大切である．

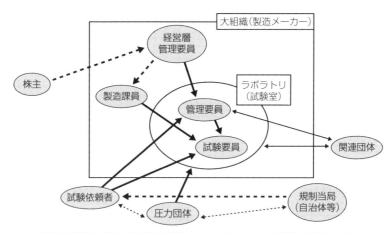

実線は直接的，破線は間接的な影響を示す．矢印の太さは影響の程度を示す．

図 4.1 ラボラトリ内部，及びラボラトリと関連組織との間の関係性の図示例

4.2 リスクへの取組みについて（本規格 8.5）

　リスクは通常，何かを新しく始める，もしくは何かを変更することにより生じる．プロセスアプローチに基づき PDCA（Plan-Do-Check-Act）サイクルを回す上で，特に計画（Plan）の段階で付随するリスクを考慮することが大切である．新規サイクルの Plan を立てるとき，また Act に基づき次の（変更にかかる）Plan を立てるときに，それに伴うリスクを考慮する必要がある．例えば重要設備について，購入時（計画段階）には必要な性能，堅ろう性とともに，価格，予算，管理要員の確保の是非といった要因を考慮し，最終的に購入すべき設備を決定することになる．また PDCA サイクルを回した後で，点検・調整・校正の実施の程度を見直し管理内容に変更を施す際にも，同様の要因について考慮することになる．これらは全てリスクに基づいた計画といえるだろう．PDCA サイクルにおいては，アウトプットの適切さを的確に判断し，それに基づいて新たな計画を設定することになるが，その際にリスクを意識して取り組むことが必要である．

　日常の試験・校正業務においては，その妥当性に直接的に影響する試験・校正方法をしっかりと管理することが重要である．しかし一方で，過剰な対応（高価な施設・設備の購入，過剰な教育訓練，余分な測定工程の追加，など）は不要なコスト増につながる．本規格の 8.5.3 では"リスクへの取組みは，ラボラトリが出す結果の妥当性に与える潜在的影響に釣り合ったものでなければならない"とされている．結果に影響するファクターは重点的に管理する必要があり（例えば，試薬添加量や加熱温度等），そのファクターが試験・校正方法におけるリスク要因ともいえるだろう．リスクファクターを適切に選択し管理する（例えば，標準作業手順書にマーキングし要員に注意喚起する）ことが重要である．

　8.5 では，リスクへの取組みに関する正式な方法，プロセスの文書化，記録の作成・保持は要求されていない．8.5 に意識的に取り組む方法としては，例えば定例的に"リスク検討会議"を開催しラボラトリ活動における様々な側面

からリスクを抽出し対応する,といった方法も考えられるが,そこまでしっかりと取り組むべきかどうかは,ラボラトリの裁量に任される.ISO/IEC 17025（原文）の前書きにある"リスクに基づく考え方"（risk-based thinking）の概念は,本規格全体にわたり浸透している.大切なのは,"リスクは,何かを新しく始める,又は何かを変更することにより生じる"ことを念頭に置いた上で,日常の試験・校正業務の中で何かを計画する（例えば,設備を購入する,手順書を改訂する,要員を増減する）際に必ずリスクを考慮して決定する,という意識をもつことである.

4.3 計量トレーサビリティの確立について（本規格 6.5）

ラボラトリは,まず計量トレーサビリティが必要な設備の特定を行う必要がある.本規格の 6.4.6 では"測定の精確さ又は測定不確かさが,報告された結果の妥当性に影響を与える"設備について,校正を要求している."測定の精確さ"は定量的な評価ができない概念であるが,その設備により得られる測定値の"一致の度合い"（すなわち,測定値のばらつきとかたよりの小ささ）が,総合的な試験・校正結果に対しどの程度影響するのかを,ラボラトリごとに評価しておく必要がある.例えば,サンプリング設備（エアサンプラー等）の採取精度として"設定流量に対し±5％"という性能がある場合,±5％が最終的な試験・校正結果に求められる精確さに対し許容できる程度なのかどうかを評価できるだろう.一方,測定不確かさは数値的な評価が可能であり,必要とされる合成不確かさへの影響の程度も数値的に評価できる.

計量トレーサビリティの確立が必要と判断された設備については,まず SI トレーサビリティの確立が可能かどうか（すなわち,その設備について SI トレーサブルな校正を実施できるか,もしくは SI トレーサブルな認証標準物質を入手できるか）を確認する.JCSS（計量法に基づく校正事業者登録制度）の登録・認定を受けた校正機関,及び ILAC/APLAC の MRA 署名認定機関（第 3 章 附属書 A A.3.1 の解説参照）が認定した校正機関[*8]が発行する校正証明書

は，SI トレーサビリティが確保されている．計量トレーサビリティが確保された標準物質には，"認証標準物質（CRM：Certified Reference Material）認証書"が添付されており，計量トレーサビリティに関する諸情報が記載されている．注意すべきなのは，認証書が添付された認証標準物質の認証値が必ずしも SI トレーサブルではないことである．

---

*8 各認定機関のウェブサイト等で公開される，登録・認定事業者情報を参考にすることもできる．

4.4 測定不確かさの評価について（本規格 7.6）

ラボラトリは，まず総合的な測定不確かさへの寄与要因を特定することから始める．フィッシュボーン・ダイヤグラム（魚の骨図）を用いるのが分かりやすい．図 4.2 は，繊維引張強さ試験の測定不確かさ要因に関するダイヤグラムの例である．

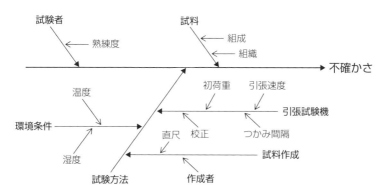

図 4.2　繊維引張強さ試験の測定不確かさ要因に関するダイヤグラムの例
［出典：独立行政法人製品評価技術基盤機構認定センター，JNLA 不確かさの見積もりに関するガイド（繊維引張強さ試験）第3版］

なお，測定を伴わない定性試験についても，判定に影響する要因を列挙し，適切に管理することが求められる．例として，繊維製品の抗菌性試験（JIS L

1902：2015）においては，菌糸の発育の有無を判定する定性試験であるが，菌の培養に用いる寒天培地の品質や培養温度，試験品目の前処理（高圧蒸気殺菌，清浄化）が判定結果に影響する重要な要因として挙げられる．

寄与要因が特定されれば，その中から実際に総合的な測定不確かさを算出するために重大な寄与成分を挙げる，すなわち，重大でない要因を除去することになる．例えば最も大きい測定不確かさ要因 u_1 と，その 5 分の 1 の大きさの測定不確かさ要因 u_2 を GUM に基づいて合成すると，

$$\sqrt{u_1^2 + u_2^2} = \sqrt{u_1^2 + \left(\frac{u_1}{5}\right)^2} \approx 1.02\,u$$

となり，u_1 に対する u_2 の影響は約 2％ということになる．この約 2％が測定の目的に対し十分に小さいのであれば，u_1 に対する u_2 の影響は無視できると考えることができよう．しかし u_2 のような要因が多数あるのであれば，影響は無視できなくなるであろう．各要因の重要度を評価する際には，必要とされる合成不確かさの大きさ，測定不確かさ要因の大きさ及び数，報告する測定不確かさの有効桁数等を考慮し，適切な評価基準を設定する必要がある．

重大な不確かさ要因のリストアップ及び総合的な不確かさの算出は，通常は不確かさバジェットにおいて表される．**表 4.1** に，繊維引張強さ試験に関する不確かさバジェットの例を示す（各項目についての詳細は GUM を参照）．各不確かさ要因の性質に基づいて適切な算出方法（分布に基づく適切な除数の設定，ボトムアップ法又はトップダウン法の選択）を適用する（詳細は第 3 章 7.6.3 の解説参照）．

4.4 測定不確かさの評価について

表 4.1 繊維引張強さ試験に関する不確かさバジェットの例
[出典：独立行政法人製品評価技術基盤機構認定センター，JNLA 不確かさの見積もりに関するガイド（繊維引張強さ試験）第3版]

記号	要因	値(±)	タイプ	分布	除数	標準不確かさ (N)
u_{cal_ref}	分銅の校正の不確かさ	0.0196N	B	正規	2	0.0098
u_{cal_rep}	校正による繰り返しの不確かさ	2.08N	A	—	—	2.08
u_{cal_res}	表示分解能の不確かさ	0.0005N	B	矩形	$\sqrt{3}$	0.000288
u_{cal_ins}	試験機の校正の不確かさ					2.08
u_{pul}	試験機を用いて測定する際の不確かさ	10N	B	矩形	$\sqrt{3}$	5.77
u_{mac}	引張試験機に起因する不確かさ					6.13
u_{man}	試験者に起因する不確かさ	10.94N	A	—	—	10.94
u_{vel}	引張速度の不確かさ	9.40N	A	—	—	9.40
u_{rep}	繰り返しの不確かさ	7.04N	A	—	—	7.04
u_{ope}	試験操作時の不確かさ					16.05
$u_{c(ten)}$	合成標準不確かさ					17.18
U	拡張不確かさ（$k=2$）					34.36

索　引

A - Z

CD　　25
CD 2　　25
CERTICO　　16
DIS　　25
FDIS　　25
GUM　　98
ILAC　　3, 15, 21
ISO　　3
ISO 9001　　23, 27
ISO/CASCO　　3, 11
ISO/IEC 17000　　12
ISO/IEC 17011　　14
ISO/IEC 17020　　14
ISO/IEC 17021　　14
ISO/IEC 17024　　14
ISO/IEC 17025　　3, 14, 25
ISO/IEC 17040　　14
ISO/IEC 17050　　13
ISO/IEC 17065　　14
ISO/IEC Guide 25　　16
ISO/IEC Guide 98-3　　98
ISO/IEC Guide 99　　29, 35
JCGM 100　　99
JCGM 200　　35
JCSS　　160
JIS Q 0031　　58
JIS Q 17025　　25
JIS Q 31000　　138
LIMS　　126
MRA　　17, 152
NATA　　16
NMIs　　152
OIML MAA　　153
PDCAサイクル　　24, 159
SABS　　3, 21
VIM　　29, 35
WG 44　　3, 25

か行

型式評価国際相互受入れ制度　　153
技術管理主体　　49
基準測定法　　71
供給者リスト　　73
計量トレーサビリティ　　68, 150, 160
計量法に基づく校正事業者登録制度　　160
現示の方法　　70
公平性　　40, 157
国際試験所認定会議　　15
国際試験所認定協力機構　　17
国際相互承認取決め　　14
国家計量標準機関　　152

さ行

サンプリング　　26
試験所　　15
　――認定制度　　15
測定不確かさ　　98, 112, 161

た行

適合性評価　　11
　――の道具箱　　12

適合性表明　39, 77
手順　28
トップマネジメント　45

な行

認証制度委員会　16
認定機関　14

は行

パフォーマンスベース　24
標準測定手順　71
標準物質　59, 67, 103
品質管理者　49
品質マニュアル　132
プロセス　28
　——アプローチ　23
方針　28
方法　28

ら行

ラボラトリ　4
　——情報マネジメントシステム　126
　——マネジメント　45
リスク　138, 157
　——に基づく考え方　24, 137, 160
　——マネジメント　138

ISO/IEC 17025：2017（JIS Q 17025：2018）
試験所及び校正機関の能力に関する一般要求事項
要求事項の解説

2018 年 11 月 22 日　第 1 版第 1 刷発行
2024 年 9 月 12 日　　　　第 5 刷発行

編　　　著　藤間　一郎・大高　広明
発 行 者　朝日　弘
発 行 所　一般財団法人 日本規格協会
　　　　　〒108-0073　東京都港区三田3丁目 11-28　三田 Avanti
　　　　　　　　　　https://www.jsa.or.jp/
　　　　　　　　　　振替　00160-2-195146
製　　　作　日本規格協会ソリューションズ株式会社
印 刷 所　株式会社平文社
製 作 協 力　株式会社大知

© I.Fujima, H.Otaka, et al., 2018　　　　　Printed in Japan
ISBN978-4-542-40277-5

● 当会発行図書，海外規格のお求めは，下記をご利用ください．
　JSA Webdesk（オンライン注文）：https://webdesk.jsa.or.jp/
　電話：050-1742-6256　E-mail：csd@jsa.or.jp

図書のご案内

対訳 ISO/IEC 17025:2017
（JIS Q 17025:2018）
試験所及び校正機関の能力に関する一般要求事項
［ポケット版］

日本規格協会　編

新書判・202ページ
定価 7,480円（本体 6,800円＋税 10％）

【概　要】
12年ぶりの大改訂である，2017年改訂対応！
—ISO中央事務局との翻訳出版契約による刊行—
・大好評をいただいていた2005年版の改版版書籍！
・ISO/IEC 17025とJIS Q 17025の英和対訳版！
・携行性に優れたコンパクトサイズ
・ISO/IEC 17025認証取得組織・認定機関・審査員　必携！！

【主要目次】

ISO/IEC 17025:2017	JIS Q 17025 : 2018
General requirements for the competence of testing and calibration laboratories	試験所及び校正機関の能力に関する一般要求事項
1　Scope	1　適用範囲
2　Normative references	2　引用規格
3　Terms and definitions	3　用語及び定義
4　General requirements	4　一般要求事項
5　Structural requirements	5　組織構成に関する要求事項
6　Resource requirements	6　資源に関する要求事項
7　Process requirements	7　プロセスに関する要求事項
8　Management system requirements	8　マネジメントシステムに関する要求事項
Annex A (informative)　Metrological traceability	附属書A（参考）　計量トレーサビリティ
Annex B (informative)　Management system options	附属書B（参考）　マネジメントシステムに関する選択肢
Bibliography	参考文献

日本規格協会　　　https://webdesk.jsa.or.jp/